천재과학자들의 부정행위!

과학자의 두 얼굴

과학나눔연구회 편역

일진사

책머리에 …

1970년대 후반에 들어 전문 과학 잡지와 뉴스 미디어들이 과학계의 부정행위들을 다루면서부터 과학 연구의 공정성은 점차 사회문제로 부각되기 시작했다. 인간이 관계되는 어떠한 활동에도 부정행위가 잠재하듯이 과학계라해서 예외는 아니라는 개탄도 뒤따랐다.

부정행위의 유형도 다양하다. 단순한 잘못, 부실로 인한 잘못보다는 제3의 잘못에 큰 문제가 있다. 그것은 데이터와 결과를 제멋대로 만들어 내는 행위(날조), 데이터나 결과를 개변(改變)하거나 속여서 보고하는 행위(위조), 인용을 올바르게 하지 않고 다른 과학자의 아이디어나 표현을 사용하는 행위(표절) 등이며, 이 모든 행동은 과학이 기초로 삼는 가치관을 근본부터 뒤흔드는 행위이고, 과학의 발전 자체를 저해하는 행위이다. 이 책에서 많은 사례를 소개하는 것도 타산지석(他山之石)으로 삼고자 함에서이다.

현대 사회에서, 과학의 제반 기능에서 파생되는 연구자의 책임을 언급하려는 것은 아니지만, 과학과 기술은 사회라는 복합체를 형성하는 중요한 요소이므로 과학자는 사회와 떨어져 무관하게 존재할 수 없다. 미국의 경우 의회에 회부되는 법안의 거의 절반은 과학·기술과 관련된 것이라고 한다. 따라서 과학자가 공공 정책이나 사회적 이해(理解)에 기여해야 한다는 요구가 늘어나고 있다. 과학자는 일반 국민들에 대해 과학의 내용과 과정을 제대로 알릴 중요한 책임이 있고, 이와 같은 책임을 이행하기 위해서는 자신이 간직하고 있는 과학적 지식을 사회에 전파하기 위해 시간을 할애해야 한다. 그렇게 함으로써 사람들은 올바른 정보를 바탕으로 연구 활동의 적절성을 이해할 수 있게 될 것이다.

불완전한 세계에서 논쟁은 불가피하다. 또 비록 일부이기는 하지만 입증된 과학의 부정행위는 그것이 극히 예외적인 경우일지라도 진리의 탐구를 목적으로 하는 직업에서는 절대로 허용되거나 가볍게 보아 넘길 수 없는 것도 사실이다.

끝으로, 과학을 비평하는 것이 혹여 과학을 매도하는 것으로 곡해되지는 않을까 하는 기우도 없지 않았으나 첨단 과학 연구에 거는 국민들의 기대가 크고, 투자 역시 증대되고 있는 차제에, 이 책이 연구의 진실성과 투명성을 촉진하는 데 조금이라도 기여하게 되었으면 하는 마음으로 출판을 결심하게 되었다. 강호 제현들께서 넓은 마음으로 헤아려 주시기를 바랄 뿐이다.

2015년 초여름
과학나눔연구회

차 례

서 장

과학은 신뢰받고 있는가

영국에서 발행되는 대중과학잡지 『뉴사이언티스트(*New Scientist*)』는 세계 각국에 독자를 가지고 있는 저명한 잡지이다. 이 잡지의 1998년 4월 18일호에는 편집자에 의한 집필 기사로 "일반인들은 의사, 교수, 저널리스트, 정치가 등을 어느 정도 신뢰하고 있는가?"라는 앙케이트 조사 결과가 실려 있었다. 그 결과에 의하면 저널리스트에 대해 엄한 비판이 제시되어 78%의 회신자가 신뢰할 수 없다고 했다. 정치가에 대한 비판은 더욱 많아 80%의 사람이 불신감을 나타냈다. 한편, 의사와 교수는 높은 신뢰성을 얻어, 의사는 80% 이상의 사람들로부터 신뢰를 획득했고 대학교수도 70%에 이르렀다. 이처럼 학술과 과학 연구에 대한 일반인들의 신뢰감은 매우 높은 편이었다.

이 예를 보아서도 알 수 있듯이, 대부분의 사람은 정치 세계를 신뢰하지 않으며 허식에 차 있다고 생각했지만 그 한편에서 연구 세계에 대해서는 높은 신뢰성을 나타냈다. 그러나 과학 연구의 부정행위가 언론매체에 크게 다루어지게 되면 사람들은 연구 성과가 생계와 건강에 영향을 미치는 것임을 깨닫고 상황은 변화하기 시작했다. 정치나 엔터

테인먼트의 세계와 마찬가지로 과학 연구의 세계에도 부정, 배신, 명예욕 같은 것이 존재한다는 것을 알게 된 것이다. 또 부정행위는 정신적으로 문제가 있는 인물이 있기 때문에 일어나는 것이 아니라 오히려 과학 연구 시스템에 내재하는 연구비 획득 경쟁, 선취권 다툼, 자리(post) 획득 경쟁 등이 과학자를 옭아매고 있기 때문에 일어난다는 사실도 분명히 밝혀졌다. 연구에 대한 아무런 공헌이 없음에도 불구하고 공저자로 이름을 올리거나 젊은 연구자가 지도자의 바람대로의 결과를 날조하거나 가설을 지지하지 않는 마이너스 데이터(minus data)를 의도적으로 삭제하거나 다른 사람의 논문 내용을 도용하는 등의 다양한 사례가 밝혀지게 되었다.

과학기술은 사회생활을 유지 발전시키는 데 기여하지 않으면 안 된다. 그리고 과학 연구 활동의 성과는 신뢰성 높은 지식과 정보로써 사회에 침투하게 된다. 현대 사회는 이러한 지식과 정보에 기반을 두고 있는 만큼 부정행위에 의한 연구 성과가 혼재한다면 사회생활과 시스템에 위해(危害)를 가하는 것이 된다. 또 부정행위가 방치된다면 현대의 지식정보사회는 밑뿌리에서부터 붕괴될 위험이 있다.

사회의 건전성을 회복하기 위한 첫걸음은 현실적으로 무엇이 일어나고 있는가에 대한 정보를 사람들이 널리 공유하는 것이다. 위에 예시한 것과 같은 부정행위자의 사례는 문제를 야기한 연구자의 소속 대학이나 연구기관으로서는 덮어두고 싶은 화제일 것이다. 그러나 미국의 보건복지부(Department of Health and Human Services: DHHS) 소속 연구공정국(硏究公正局, Office Research Integrity: ORI)이 하는 부정행위 조사의 개요는 이미 인터넷으로 널리 공개되고 있다. 또 연방정부의 정보자유국(Freedom of Information Office)을 통해 정보공개 청구를 하면 누구나 보고서의 전문(全文)을 입수할 수 있다. 정보자유법에 따라 이러한 자료는 '사회 전체가 공유해야 할 정보(public information)'로 간주되기 때문이다. 정보를 숨기거나 독점해 얻는 이익보다도 지식을 공유함으로써 사회와 조직의 안정, 건전성, 발전으로 나가는 것이 중요하지 않겠는가.

과학의 글로벌리제이션

오늘날 과학 연구 활동의 특징 중 하나는 글로벌리제이션(globa-lization)이란 용어를 들 수 있다. 역사적으로 보아도 과학은 국경을 초월하고, 또 인종, 성(性), 조직, 직위, 신분, 나이 등의 차이도 초월해 사람들이 소통(communicate)하는 것을 가능하게 해 왔다. 이와 같은 움직임은 인터넷과 전자메일로 대표되는 현대의 고도 정보기술 환경 속에서 더욱 촉진되고 있다.

현재 과학 연구는 단독으로 하는 예로부터 내려오는 스타일에서 공동 연구가 일반화되고, 그 결과 논문은 많은 공저자의 협력 아래 발표되고 있다. 자연과학 영역에서는 연구논문의 평균 저자 수가 6명이 일반적이고 분야에 따라서는 100명을 넘는 논문도 희귀한 것은 아니다. 또 저자 수의 증가뿐만 아니라 국제적인 공저 관계를 분석하면 2개국 이상의 저자에 의한 국제 공저 논문이 늘어나고 있다. 정보와 지식은 지구의 표면을 자유롭게 불고 지나가는 바람처럼 나라와 지역을 초월해 광범위하게 확산되기에 이르렀다.

전자메일이 교신되고 조직과 개인에게 축적된 정보자원이 인터넷을 통해 순식간에 세계 규모의 정보 시스템으로 통합되어온 것처럼 글로벌리제이션은 이제 현대 사회를 특징짓는 요소가 되고 있다. 이와 같은 상황에서는 문화와 가치관의 융합이 촉진됨과 동시에 마찰과 충돌도 발생한다. 과학 연구의 세계에서 진행되고 있는 글로벌리제이션에도 마찬가지의 부(負)의 측면이 발생하고 있는 것은 아닐까? 그뿐만 아니라 과학정보와 지식은 국가와 조직의 경제 발전의 기초가 되고 국가 간의 연구개발 경쟁 같은 엄격한 측면도 부정행위 발생에 영향을 미치고 있다.

많은 사람의 협력으로 연구가 진행되자 발표 성과의 저자 책임을 공유하는 오서십(authoship)이 흔들리게 되었다. 그리고 "본질적인 기여가 없음에도 불구하고 연구실의 지도자라는 이유"만으로 저자에 끼여드는 예도 늘어나고 있다.

예를 들면, 해외 경험이 풍부한 일본인 연구자가 집필한 『영문논문작성법』이란 책에서 오서십에 관해 일본적인 기술(記述)을 읽은 기억이 있다. 그것은 "누구를 저자로 포함시키느냐는 어려운 문제로, 소속기관의 룰에 따라야 한다"는 제안이었다. 즉, 본래 연구 성과에 대한 기여를 공언(公言)하는 오서십에 대해 국제적인 룰이 아닌 소속기관의 룰을 우선시킨다는 주장이다. 이것은 소속하는 조직 안에서는 통하는 규범이 될 수 있을지언정 세계적인 시야에서 활약하는 연구자를 육성하는 데는 적용되지 않는다. 연구실의 지도자로부터 가설을 뒷받침하는 실험 데이터를 조급하게 요구받은 젊은 연구자가 가설에 합당하지 않은 데이터를 분석에서 제외하거나 윗사람의 온갖 압력 속에서 요청받은 실험 결과를 날조할 위험에 빠질 가능성은 충분하다. 연구실의 방침을 우선하고 그에 따르는 자세는 부정행위를 정당화시키는 것과 마찬가지이다. 저자의 자격을 정하는 오서십의 오용은 연구 발표 윤리에 위반되는 부적절한 행위이다. 이 『영문논문작성법』은 국제지와 국제학회에서 발표 경험을 쌓은 연구자가 저술한 책이라고는 도저히 믿을 수 없는 내용이었다.

과학의 부정행위는 연구 경쟁이 치열한 미국만의 고유한 현상은 아니며 다른 어느 나라에도 존재한다.

부정행위에의 접근 방법

먼저 부정행위의 발생 수를 통해 과학자의 부정행위 생태를 분석해 보고, 이어서 오서십과 중복 발표 등의 연구 발표 윤리(publication ethics) 문제와 부정행위의 정의를 둘러싼 논쟁과 함께 과학 엘리트의 보수성 도 짚어보기로 하겠다.

발표 논문 수로 본 부정행위

과학 연구에서 부정행위가 밝혀진 것은 빙산의 일각이 아닐까 생각 된다. 또 미국 국립의학도서관이 제작하는 메드라인(MEDLINE)과 같 은 문헌 데이터베이스를 통해 식별할 수 있는 사례에도 한계가 있다. 그러나 메드라인은 현재 세계 주요 임상의학과 생명과학 연구 잡지 4,300종을 커버하고 있으므로 그곳의 키워드와 '출판 타이프' 분야를 이용하면 관련 문헌을 검색할 수 있고 그의 연차 변화도 파악할 수 있 다. 메드라인은 1966년부터 이미 900만 건 이상의 문헌을 축적하고 있 는 생명과학 영역의 최대 문헌 데이터베이스이다.

먼저 철회된 논문 수와 중복 출판된 논문을 각각 '철회 논문(retracted publication)'과 '발표 중복 논문(duplicate publication)'이라는 두 출판 타이프에 따라 검색해 보았다. 아래 그림은 그 연차 변화를 보인 것이다.

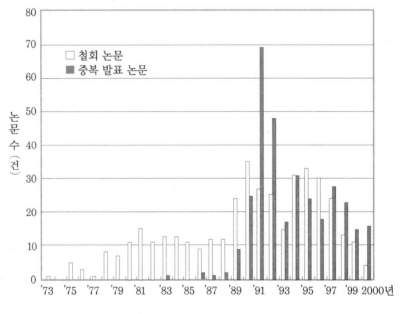

철회 논문과 중복 발표 논문 수의 연차 문헌 변화

또 과학 연구의 부정행위에 관해 언급한 논문 수의 변화를 파악하기 위해 1990년에 추가된 '과학의 부정행위(scientific misconduct)'라는 키워드를 사용해 검색했다. 또한 이 조사 데이터는 2001년 8월 말 현재의 것이고, 2000년 말까지를 분석 대상 기간으로 하고 있다.

'철회 문헌'이 최초로 메드라인에 등장한 것은 1973년으로, 영국 버밍엄대학의 생화학교실이 『생화학지(Biochemical Journal)』에 발표한 논문이었다. 1970년대 후반부터 출현해 1990년대에 35건이 나타났으며, 이것이 단년도의 최고 수치였다. '중복 출판'을 합쳐서 보면 1991년에

정점을 이루었고, 그 후 서서히 감소세로 전환된 것을 알 수 있다. 1973
년부터 2000년 사이에 철회된 논문 수가 403건, 중복 출판 논문 수는
330건에 이르렀다. 또 철회 논문이 모두 부정행위로 인한 것으로 보는
것은 적절하지 못하며, 정당한 이유로 인한 것도 뒤섞여 있으므로 여
기서는 철회의 이유를 따지지는 않았다.

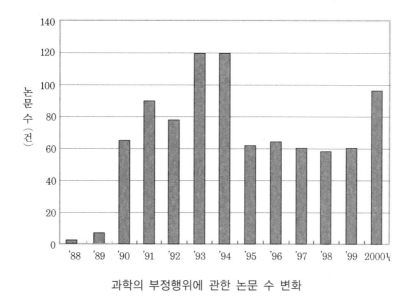

과학의 부정행위에 관한 논문 수 변화

과학 연구의 부정행위에 대해 발표한 논문 수는 1966년부터 2000년
까지 882건에 이르렀다. 그 연차 변화를 보면, 1992년 미국 연구공정국
(ORI)이 설립된 다음해 2년간에 많은 문헌이 집중되고 있었다(위의 그
림 참조). 이 연구공정국 설립에 관해 과학계에서 많은 논의가 있었던
것과 1994년에는 캐나다의 암전문의 푸아송(R. Poisson) 박사의 부정에
서 폭로된 유방암의 임상시험을 둘러싼 화제가 피셔(B. Fisher)사건으
로 발표되었기 때문일 것이다. 유방암은 미국 여성이 큰 관심을 갖는
토픽이었던 만큼『시카고 트리뷴』지의 기사는 미국 전역에 큰 영향을

미쳤다.

메드라인으로 보아 철회된 논문과 중복 출판된 논문은 감소 경향을 나타내고 있지만 그 한편에서 과학 연구의 부정행위를 논평한 기사는 2000년에는 증가세로 돌아섰다. 아마도 이 문제를 폭넓게 논의할 수 있게 되었기 때문일 것이다. 대학, 학회, 연구기관, 학술단체, 정부 등이 구체적으로 대처하지 않으면 안 될 시대가 온 것은 틀림없다 할 수 있다.

부정행위의 발생

그렇다면 부정행위는 실제로 어느 정도 존재하는가. 이미 보아온 바와 같이 발견 사례는 연구공정국의 통계상으로는 얼마 되지 않는다. 1993년부터 1997년까지의 5년 동안에 정식으로 조사된 150건 중에서 부정행위가 명확하게 밝혀진 것은 76건이고, 1년간의 평균은 약 15건이다. 1997년의 미국 연구공정국 문서 「Promoting integrity in research」에 따르면, 그 당시 공중보건국(PHS)이 지원한 연구기관 수는 약 2,200개였고, 연구 프로젝트 수는 3만 2천 건에 이르렀다. 이 3만 2천 건의 프로젝트가 차지하는 부정행위 발견율은 불과 0.05%에 불과하다. 즉, 1만 건당 5건인 셈이다.

영국의 종합의학잡지 『랜싯(Lancet)』은 1996년 논설 기사에서 연구상 사기(詐欺)의 퍼짐은 0.1~0.4%라고 기술하고 있다(Anonymous, 1996, Dealing with deception, Lancet, 347: 843). 단, 이 비율에 대한 정보원(情報源)과 근거는 일절 제시하지 않고 있다.

한편, 『영국의사회잡지(BMJ)』의 편집위원장인 스미스(R. Smith)는 "부정행위의 사례는 대부분 우연히 폭로된 것으로, 우리는 이 문제가 퍼지는 것에 골머리를 앓고 있다"고 기술하고 있다(R. Smith, 1997,

Misconduct in research: editors respond, *BMJ*, 315: 201-202). 발견되지 않은 부정행위가 실제로 어느 정도 존재하는지 몇 가지 조사를 바탕으로 검토해 보자.

미국과학진흥협회가 실시한 1992년 조사

세계 최대의 학술단체인 미국과학진흥협회가 멤버 중에서 1,500명을 선택해 질문지를 보냈다. 그 결과 469건의 회신지를 받았다. 회신자의 27%가 과거 10년간에 연구의 날조·위조·도용 등에 개인적으로 관련되었다. 또 그들은 이 기간에 평균 2.5회의 의심스러운 사례를 직접 목격했다고 진술하고 있다. 이러한 사례의 48%에서 "그 의심스러운 개인은 부정행위를 인정해 연구기관을 떠났다"고 했다. 회신자의 54%는 그들이 소속하는 대학 당국이 부정행위를 고발 조사하는 데 굼뜨고 미온적이라 생각했다(E. Altman & P. Hernon, 1997, *Research Misconduct*, Grenwich: Ablex Publishing).

1993년 『아메리칸 사이언티스트』지에 발표된 조사

이는 부정행위에 관해 질문지로 얻은 최대 규모의 조사였다. 스웨이지(J. P. Swazey) 등은 합계 2,600명에 이르는 학생과 교원의 9%가 도용(盜用)한 교원에 대해 직접 견문에 바탕한 체험을 명백히 했다. 또 부정행위의 범위를 FFP(날조·위조·도용)를 넘어 오서십의 도용, 연구자금의 유용과 그릇된 사용 같은 의문이 있는 행위로까지 확대하면 부정의 존재는 학생의 44%, 교원의 50%로까지 늘어났다(J. P. Swazey, 1993, Ethical problems in academic research. *American Scientist*, 81: 542-553).

스웨이지의 논문은 최초에 종합과학잡지 『사이언스(*Science*)』에 투고되었으나 채택되지 못하고 대중과학지인 『아메리칸 사이언티스트

(*American Scientist*)』지에 보도되었다. 『사이언스』지의 편집위원장은 채택하지 않은 이유에 관해 "이 논문은 보통 논문 심사를 거쳐 『사이언스』지에 게재할 수 있는 주제이기는 하지만 내용의 과학성과 방법론에서 충분하지 못한 것으로 판단되어 싣지 않았다"고 회고했다(C. Anderson, 1993, Survey tracks misconduct, to an extent. *Science*, 262: 1203-1204).

『사이언스』지의 비판에도 불구하고 많은 사람은 이 조사가 부정행위에 관해 과학계의 인식도를 명시한 뛰어난 시도로 간주하고 있다. 교육정책 분야의 연구자로부터 제출된 논문의 스타일과 방법이 자연과학 영역의 우수한 성과를 속보(速報)하는 『사이언스』지에는 합당하지 않았다는 것인데, 미국과학진흥협회 자체의 조사는 공식적으로는 발표되지 않는 만큼 동종의 좀 더 대규모로 이루어진 스웨이지의 조사가 받아들여지지 못한데 대해 일부 과학계로부터 비판이 제기되었다.

스웨이지의 조사는 미국과학재단으로부터 지원을 받는 연구이고, 이 심사를 담당한 라폴렛(M. C. LaFollette) 교수는 "사회과학 연구로서는 우수한 조사이고 유익한 데이터를 제공했다"고 소견을 피력하고 있다. 또 이 조사 결과에서 제시된 "분야에 따른 발생률의 차이"에 대해 그는 다음과 같이 기술하고 있다.

토목공학에서는 생물계보다도 도용 등의 높은 발생률을 볼 수 있지만 그것은 실제로 토목공학 분야에서 부정이 많다든가 혹은 토목공학 연구자가 다른 분야보다 성실하게 회답한 것을 나타내는지 앞으로 학문 분야에 따른 차이를 조사할 필요가 있다.

공식적으로 고발된 부정행위가 확정된 비율과 앙케이트 조사 등으로 과학계에 현상(現象)으로 노출된 비율 간에는 큰 차이가 있다. 또 부정행위를 FFP(날조 · 위조 · 도용)에 한정하지 않고 더 넓게 정의하면, 그 발생 빈도는 일반적인 현상으로 인식된다.

북유럽 여러 나라의 부정행위 행태에 대한 조사

북유럽 여러 나라의 예를 소개하겠다(M. Nylenna, D. Anderson, G. Dahlquist, M. Sarvas, & A. Aakvaag, 1999, Handling of scientific dishonesty in the Nordic countries, *Lancet*, 354: 57-61). 274명의 노르웨이 의학 연구자를 대상으로 조사한 결과에서는 22%의 사람이 중대한 부정행위 사례를 알고 있으며, 3%는 데이터 날조와 위조 따위를 인지하고 있었다. 회신자의 9%는 그들 자신 복수의 부정행위 발생에 관여했었다.

앞에 소개한 스웨이지의 조사에서는 "회신자의 27%가 과거 10년간 연구의 날조 · 위조 · 도용 등에 개인적으로 당면했었다"고 했는데, 이것은 노르웨이 조사에서 22%가 부정행위 사례를 알고 있었다는 숫자에 가깝다.

연구공정국 등의 기관에서 정식으로 고발되어 부정행위가 확정된 사례는 빙산의 일각으로 간주할 수 있다. 이 사실로도 부정행위 방지 대책으로 "조사보다는 교육과 계몽이 중요하다"는 것을 이해할 만하다. 이것은 에이즈(AIDS) 박멸대책과도 같은 것인데 FFP의 저지(阻止)에는 교육 계몽활동이 성공의 포인트라는 견해가 지배적이다.

오서십을 둘러싼 논의

오서십(authorship)은 연구의 공헌도를 나타내는 것으로, 업적의 인정에 관련되는 것인만큼 당연히 연구자의 관심이 높을 수밖에 없다. 그런만큼 오서십 위반에 대해 논의가 일어나고, 연구 윤리 관점에서 중요한 문제가 되고 있다(L. J. Wilcox, 1998, The coin of the realm, the source of complaints, *JAMA*, 216-217).

일반적으로 저자(author)의 정의는 "발표된 연구 내용에 책임을 지고, 연구에 충분히 공헌한 사람들"로 간주할 수 있다. 조언이나 기술적 협력, 단순히 데이터를 수집한 사람에게 오서십은 없다. 또 연구팀의 수장(首長)이나 관리자란 이유만으로 실질적으로 공헌이 없는 사람들을 저자에 포함시키는 것은 잘못이며, 그런 사람으 사사(謝辭)에 기재하는 것만으로 충분하다. "저자로 올리는 경우와 사사에 기재하는 경우는 어떻게 구별하는가"를 연구자들에게 묻고 있다.

하버드대학교의 옴부즈 오피스

논문을 발표할 때의 오서십에 대해 공헌도를 둘러싼 불만이 그치지 않는다. 또 기프트 오서십(gift authorship) 등, "본래 저자가 아닌 사람을 리스트에 올린다"는 행위 속에 업적주의에 빠진 연구 세계가 엿보인다.

연구자에게 좀 더 치열한 경쟁 환경에 있는 하버드대학교(의학교, 치과학교, 공중위생교)의 옴부즈 오피스(ombuds office)는 연구활동을 통해 발생하는 다양한 문제에 대해 친전 문서 취급으로 기록을 해왔다. 윌콕스(L. J. Wilcox)는 동 오피스의 기록을 분석해 『미국의사회잡지(*JAMA*)』에 오서십에 반하는 연구 발표 실태를 보고했다.

하버드대학교의 옴부즈 오피스는 약 1만 8천 명의 교원, 직원, 학생 등을 그 대상으로 하고 있다. 동 오피스에는 다양한 문제가 전화, 방문, 전자메일, 회합 등에서 제기된다. 오피스는 성희롱(sexual harassment), 범죄, 오서십, 지적소유권, 기타 인사문제에 대해 간단한 체크 기록으로 정리해 왔다. 제기자의 성별, 인종, 지위, 문제가 발생한 장소 등에 대해서도 기록하고 있다. 이들 중에서 옴부즈 오피스에 제기된 오서십에 관한 전형적인 사례를 보면 다음과 같다.

〈사례 1〉 저자로서 기재되긴 했지만 나는 한번도 논문 원고를 보지 않았다. 레퍼리(referee)로부터의 수정 원고도 읽지 못했다. 그리고 최종적인 저자로서의 동의 서류에도 서명하지 않았다.

〈사례 2〉 연구 프로젝트가 완성되었을 때 나는 필두 저자로 약속받았었다. 그러나 그 연구 프로젝트 보고가 실제로 발표되었을 때 사전에 아무런 통지도 없이 다른 연구자가 논문의 제1저자로 되어 있었다.

〈사례 3〉 어느 한 연구원이 필두 저자의 자리를 요구하고 있다. 이 연구원은 실험을 실행하기 위해 중요한 공헌을 했지만 연구계획과 원고 집필에는 기여하지 않았다.

〈사례 4〉 내가 연구실을 떠난 후에 나의 연구에 기초한 논문과 연구 프로젝트에 대한 공헌이 인정되지 않았다.

오서십에 관한 이의 제기 건수를 대학 연차별로 모든 이의 제기 건수가 점하는 고충의 비율로 나타내면 다음 표와 같다.

오서십의 비율

연도	제기 건수 비율(%)
1991/92년	2.3
1992/93년	2.1
1993/94년	2.8
1994/95년	6.4
1995/96년	7.9
1996/97년	10.7

출처: L. J. Wilcox, 1998, The coin of realm, the source of complaints, *JAMA*, 216-217.

1994/95년부터 96/97년까지 3년간 133건의 오서십에 대한 이의 제기가 있었다. 그중 61건(46%)은 교원으로부터 제기된 것이고, 45건(34%)은 박사 과정 수료자(post-doc)와 레지던트·인턴 등의 젊은 의사의 것이었다. 70건(53%)이 여성으로부터 것이었고, 63건(47%)이 남성으로부터의 것이었다. 이 결과만으로 보면 별로 성차(性差)가 없는듯이 보이지만 실은 여성으로부터의 고충은 본래 소규모인 여성집단의 0.35%에 해당되어 남성의 0.20%보다 월등하게 많다. 미국 시민권을 소지하지 않은 사람들로부터의 오서십에 대한 고충은 사사(謝辭)에 관한 문제를 포함해 1991/92년의 4%에서 1996/97년에는 21%로 급격하게 상승했다.

하버드대학교 의학부에서는 일찍부터 연구 윤리에 관한 가이드라인을 작성했음에도 불구하고 오서십에 대한 고충이 많았다. 따라서 가이드라인을 작성하지 않은 대학에서는 더 많은 문제가 야기되고 있는 것은 아닐까? 오서십에 관련되는 문제는 학술연구기관에 광범위하게 존재한다고 할 수 있다. 학술기관에서는 오서십에 대한 자세한 가이드라인을 확립해 그것은 누구나가 쉽게 입수할 수 있도록 해야 한다. 또 문제가 발생했을 때의 상담창구로서 비밀을 지키는 중립적인 기관이 필요하며, 혼자 고민하지 않도록 대응할 수 있는 체제를 만들어야 한다.

중복 발표를 둘러싼 논의

오늘날에 와서는 '중복 발표'도 연구를 둘러싼 부정행위의 대표적 사례이다. 이 중복 발표는 시점(視點)을 바꾸면 자기 업적의 자기 도용으로 생각할 수 있다.

중복 발표의 실태를 분석한 월드론(T. Waldron)의 논문은 불과 1페이지에도 못 미치는 것이지만 영국의 대표적인 산업의학 영역의 잡지 『영국산업의학지(*British Journal of Industrial Medicine*)』 1988~90년의 전(全) 논문 저자명을 메드라인 데이터베이스에서 검색하고 서지정보와 초록(抄錄)으로 체크한 연후에 중복 발표라 믿어지는 것에 대해 그 전문(全文)을 입수해 전문 연구자가 비교 검토한 조사이다.

전문 연구자에 의해 중복 발표로 판정된 31편의 논문의 약 80%는 전적으로 동일한 논문이라기보다는 약간의 변경이 가해져 있었다. 이들 논문에서 일반적인 패턴은 "잡지의 전문 분야에 맞추어 저자순을 바꾸는" 것이었다. 예를 들면, 역학 연구자와 방사선의가 공저자인 경우 역학지에는 역학 연구자가 제1 저자가 되고 방사선 의학지에는 방사선의가 제1 저자가 되는 것이다. 완전하게 같은 것은 적었지만 전문가의 판단을 통해 본 결과는 1990년까지는 전체 126편의 논문 중에서 12%의 논문이 중복 발표에 해당되었다. 편집자는 중복 발표가 빈번하게 일어나고 있는 것을 알고는 있지만 그것이 어느 정도 일반적인 것인가에 대한 양적 데이터는 거의 가지고 있지 않다. 그런 만큼 이 월드론의 조사는 중요하다.

중복 발표의 실태(『영국산업의학지』)

	전(全) 논문 수 (A)	중복 발표 (B)	B/A (%)
1988년	110	6	6
1989년	128	10	8
1990년	126	15	12
합계	364	31	9

출처: T. Waldron, 1992, Is duplicate publishing on the increase? *BMJ*, 304: 1029.

잡지의 레퍼리는 중복 발표를 방지하는 역할을 하지만 중복을 완전히 막을 수는 없고, 레퍼리에게 여기까지 바라는 것도 무리일 것이다. 잡지에 따라서는 투고자의 발표 논문에 대해 메드라인을 이용해 체크하고 있는데, 이것을 모든 잡지 편집부에 요구하기도 어렵다. 또 투고 중인 논문까지는 체크가 불가능하다.

중복 발표를 방지하기 위한 가장 효과적인 방법은 "발표한 논문 수가 아니라 논문의 질에 중점을 두는 평가를 정착시키는" 일이다. 즉, 자리(post)나 지원금을 신청할 때 질적인 검토를 가능하게 하기 위해 판정위원회에 대해 논문 수를 표시하는 리스트가 아니라 '6편 정도의 논문 카피'를 제출하게 하는 방법이다. 이와 같은 흐름을 연구 평가하는 실제 마당에서 마련하는 것이 중복 발표를 줄이는 방책이 될 것이다.

또 『영국산업의학지』(BMJ)에서 중복 발표된 31편의 논문을 대상으로 저자의 국적 분표를 검토한 결과 스웨덴이 단연 1위였고, 2위가 미국, 3위가 영국이었다. 왜 스웨덴이 1위일까. 아마도 모국어와 영어의 중복 발표 패턴이 존재하기 때문인 것으로 생각된다.

과학 연구의 부정행위에 대한 정의

과학 연구의 부정행위에 대한 정의를 놓고는 오랫동안 논쟁을 이어오다가 2000년 가을에 미국 연방정부 기관 내에서 통일이 이루어져 정의가 확정되었다. 그러나 앞으로 국제적인 기준으로 채택되기까지는 아직 많은 시간을 필요로 할 것이다. 연방정부의 정의에서는 부정행위를 한정적인 것으로 간주해 '날조·위조·도용(FFP)'의 셋만을 지칭하는 것으로 하고 있다. 이 정의에 따라 연구공정국은 부정행위와 대처하게 된다. 그러나 과학 연구와 발표를 둘러싼 부정행위에 대처하려면 좀 더 넓은 관점에서의 접근 방법(approach)이 필요할 것이다.

과학 연구의 부정행위에 관한 앞으로의 동향을 보여주는 회의가 1999년 10월에 스코틀랜드의 에딘버러에서 개최되었다. 생물의학 연구의 부정행위에 대한 과학계의 합의 형성을 목적으로 한 콘센서스 회의였고, 정부기관, 학회, 재단, 산업계를 대표하는 많은 참가자로 성황을 이루었다(M. Hagmann, 1999, Europe stresses prevention rather than cure, *Science*, 286: 2258-2259). 이 회의에서는 과학 연구의 부정행위에 대한 좀 더 넓은 정의가 제안되었다. 정의에 관해서는 '날조·위조·도용'의 세 가지 사례에 한정하지 않고 연구상의 부정행위 전체를 널리 포함하는 정의가 합당하다고 했다.

여기서 부정행위의 정의를 둘러싼 이제까지의 대표적인 논쟁 예로, 미국과학재단과 미국과학아카데미의 주장을 정리하면서 정의에 대한 토론을 종합 정리해 보자. 부정행위를 '날조·위조·도용'이란 세 가지 이른바 FFP(Fabrication, Falsification, Plagiarism)에 한정하는 미국과학아카데미의 생각과 좀 더 넓게 정의하려고 한 미국과학재단 및 연구공정국과의 차이가 선명하게 나타난다.

연방정부가 부정행위의 정의를 FFP로 한정하기 이전, 공중보건국 산하의 연구공정국은 "과학의 부정행위는 날조·위조·도용 혹은 과학계에서 연구의 신청·실행·보고 때에 일반적으로 받아들이고 있는 공통 사항에서 현저한 일탈행위를 의미한다"고 정의해 왔다. 미국과학재단도 "과학의 부정행위는 날조·위조·도용, 기타 일탈행위를 의미한다"고 하여 넓게 정의해 왔다. 한편 왜 FFP에 한정하느냐에 대해 미국과학아카데미는 『과학자를 지망하는 그대들에게』에서 다음과 같이 기술하고 있다.

미국과학재단과 미국국립보건원(NIH)이 채택하고 있는 규정에서는 날조·위조·도용 이외에 현재 받아들이고 있는 연구활동으로부터의 우

려될 만한 일탈행위도 과학의 부정행위로 간주될 가능성이 있다. 단, 이
와 같은 규정에서는 신기한 수법이나 비정통적 연구 방법을 취하려고
하는 과학자가 제소당할 가능성이 있다.

언뜻 보면 이것은 정통적인 주장처럼 들리지만 많은 부정행위 조사
를 경험한 미국과학재단과 연구공정국 입장에서 본다면 현상 인식이
부족해서가 아닌가 하는 주장이 설득력이 있다.

미국과학재단의 버젤리(D. E. Buzzelli)는 『사이언스』지에서 정의를
둘러싸고 미국과학아카데미의 패널 발표에 이의를 제기했다(D. E.
Buzzelli, 1993, The definition of misconduct in science: a view from NSF,
Science, 259: 584-585, 647-648). 버젤리의 논문에는 정의를 둘러싼 논쟁
이 정리되어 있으므로 이를 여기서 소개하겠다.

1992년 4월에 미국과학아카데미의 패널이 과학의 부정행위에 대한
보고를 발표했다. 그 분석보고서 끝에 12가지 권고가 실려 있다. 이 권
고에서 가장 활발하게 논의된 것은 연구기관이나 정부기관이 부정행
위에 대한 고발을 다룰 때 사용하는 부정행위의 정의에 관해서였다.
미국과학재단을 포함해 몇몇 정부기관에서는 부정행위의 사례를 다룬
경험을 쌓았음에도 불구하고 미국과학아카데미의 패널은 부정행위와
관련된 많은 조사를 경험한 미국과학재단과 부정의 정의에 관해 협의
한 적이 없었다.

패널은 만장일치로 연구활동에서 발생한 기타 중대한 일탈행위
(other serious deviations)와 같은 공중보건국과 미국과학재단에서 채택
된 네 번째의 정의는 모호한 표현이므로 제외해야 할 것이라고 권고했
다. 미국과학아카데미의 정의는 '날조·위조·도용'의 세 가지뿐이었다.

왜 제외했느냐에 대해 패널은 "이 카테고리의 모호성이 과학의 부
정행위를 특정할 때 혼란을 야기한다"는 이유를 들고 있다. 특히 패널

은 부정행위라고 하는 고충이 새로운 독창적인 기법에 입각한 연구에 미칠 위험성을 방지하기를 바랐던 것이다.

한편 미국과학재단은 실제로 체험한 많은 사례를 바탕으로 미국과학아카데미의 정의만으로는 정리되지 않는 것을 구제적으로 제시해 반론하고 있다. 미국과학재단의 주요한 사례 대부분은 도용에 관계된 것이지만 그 밖의 중대한 위반행위도 현실적으로 존재했었다.

〈사례〉 1989년 말에 미국과학재단 하부기관으로, 부정행위 조사를 담당하고 있는 종합감사국(Office of Inspector General: OIG)은 미국과학재단에 조성된 필드 조사 프로젝트(field research project)에 교육 조수(助手)로 참가한 한 여성으로부터 상담을 받았다. 그것을 상사에 해당하는 주임 연구자에 대한 고발이었다.

이 조사 프로젝트는 영장류 그룹의 행동을 관찰하기 위해 대학원생 팀을 멕시코 남부의 오지로 데리고 가는 것이었다. 이 조사 프로젝트는 대학원생에게 실제로 조사 경험을 쌓도록 의도한 것이었고 재능있는 원생에게는 조사의 경력(career)이 되고, 특히 여성의 참가가 늘어나는 매력적인 것이었다. 이 프로젝트를 시행하는 과정에서 주임 연구자에 의한 강압적인 성적 모욕(coercive sexual offeneces)이 고발되었다. 이러한 모욕은 조사지에서 야기된 것이다.

주임 연구자는 팀이 축적해 온 컴퓨터 데이터를 그의 의도에 따르는 여학생이 더 많이 이용할 수 있게 했고 또 학생이 그의 모욕행위를 제소하려고 하면 그 원생들의 경력을 손상시켜 연구 세계에서 원만하게 공부하지 못하도록 방해행위를 했다는 것이다.

이 사례는 종합감사국에서 미국과학재단에 보고되어 주임 연구자에게는 최종적으로 5년간 연방 연구 지원에서 배제 조치가 권고되었다. 이 사례는 FFP에는 해당되지 않고 "연구활동에서 발생한 기타 중대한 일탈행위"에 속한다.

미국과학아카데미의 패널은 이 사례가 '과학'의 부정행위가 아닌 '기타의 일반적인 부정행위'라는 생각을 바꾸지 않고, "성희롱, 성적 폭행, 협박 등은 과학에 특유한 부정행위는 아니다. 왜냐하면, 이러한 고충과 불만을 해결하기 위해 과학의 전문적인 지식을 필요로 하지 않기 때문"이라고 했다. 그러나 미국과학재단에서 본다면 이러한 논의는 부정확하다. 왜냐하면, 과학의 대표적인 부정행위인 도용은 과학계에 고유한 것이 아니기 때문이다. 도용이 과학 세계에서 일어난다면 그것은 과학상의 부정행위에 해당한다.

이와 같이 미국과학아카데미의 FFP에 들어가지 못하는 부정행위에 대한 고발이 현실적으로 존재하는 사실을 동 아카데미는 인지하지 못하고 있다. 실제로 많은 부정행위 조사로 경험을 쌓아온 기관과 구체적인 사례에 대해서는 거의 정보를 가지고 있지 않은 미국과학아카데미에서는 부정에 대한 인식에 큰 차이가 있다. 공중보건국 산하의 연구공정국만 해도 많은 조사 사례를 다루어 왔지만 미국과학아카데미는 말하자면 "성공한 과학 기관(establishment)의 단체"로서 부정행위의 다양성과 복잡성에 대한 지식이 부족해 현실 인식에서 엄격함을 잃은 것은 아닐까.

미국과학재단의 버젤리(D. E. Buzzelli)는 종합과학잡지인 『사이언스』지에서 성희롱의 예를 상세하게 소개하고 있는데, 이것은 미국과학아카데미의 패널이 얼마만큼 현실을 직시하고 있는가를 분명하게 입증하고 있다. 1980년대에 부정행위는 정신이 정상적이지 못한 개인의 문제로 치고, 과학계 전체에 관련되는 문제로는 받아들이려 하지 않았던 과학계의 리더와 미국과학아카데미는 같은 대응을 하고 있는 것은 아니겠는가.

물론 누구나가 이 확대된 정의에 동의하는 것은 아닐 테지만 이와 같은 넓은 정의에 따라 부정행위 조사가 늘어나는 것이 아닐까 걱정하는 사람들도 있다. 그러나 그 한편에서 부정행위를 더욱 확대시켜 고찰해야 한다고 주장하는 사람들도 있다. 그들은 그 예로 미국『내과의학연보(*Annals of Internal Medicine*)』지의 편집위원장을 지낸 에드워드 후스(Edward J. Huth)가 제시한 오서십의 잘못된 사용과 중복 발표에 제시되어 있는 따위의 '쓸모없는 출판(wasteful publication)'을 예로 들고 있다.

날조 논문의 공저자로 된 사람은 대부분 오서십의 오용된 사례에 관련되어 있는 것이 현실이고, 부정행위를 언급할 때 오서십 문제를 무시할 수 없다. 또 가벼운 부정행위의 예로는 "데이터의 약점을 설명하지 않는다", "결과를 골라서 보고한다", "네거티브한 결과는 발표하지 않는다" 등등이 있다.

분명히 과학은 많은 과오의 집적으로 발전해 온 만큼 '정직한 에러(honest error)'와 부정행위를 구별하는 것이 중요하다. 정직한 에러는 부정되어서 안 된다. 그러나 부정행위는 FFP에만 국한하지 않고 오서십의 오용을 포함해 넓은 관점에서 관조해야 한다(D. T. Weed, 1998, Preventing scientific misconduct, *American Journal of Public Health*, 88(1): 125-129).

미국의 사례에서 본 과학자의 부정사건

미국은 왜 연구공정국을 설립했는가. 여기에서는 주요 사건을 정리하면서 과학계와 연구공정국의 상극(相克) 관계를 종합한다. 부정행위에 대해서는 과학계를 비난하는 것이 아니라 예방을 위해서도 함께 협조하는 것이 중요하다.

볼티모어 · 이마니시카리 사건

1986년 볼티모어 · 이마니시카리 사건이 보고되었다. 보스턴에 있는 터프츠대학교의 생물학자인 테레자 이마니시카리(Teresa Imanishi-Kari) 박사가 분자생물학 분야의 세계적 학술지인『셀(Cell)』지에 발표한 논문에 대한 의혹을 같은 연구실의 젊은 연구원인 마고 오툴(Margot O'Toole) 박사가 고발한 사건이다. '논문의 데이터와 실험 노트와의 차이'가 지적된 것이다. 이마니시카리 논문에 1975년 노벨의학상 수상자 데이비드 볼티모어(David Baltimore, 1938~) 박사가 공저자로 이름이 올려져 있기 때문에 이 사건은 속칭 '볼티모어 사건'으로 불리게 되었다. 이마니시카리 박사의 상사에 해당하는 볼티모어 박사는 이 사건으로 인해 본의 아니게 뉴욕의 록펠러대학교 총장직을 물러나게 되었다.

그리고 그들의 결백이 증명된 것은 10년 후인 1996년에 이르러서야였다 (D. Kennedy, 1996, The Baltimore affair: let's not forget what went wrong. *Nature Medicine*, 2(8): 843-845).

이마니시카리 박사는 이름으로 짐작할 수 있듯이 브라질로 이민 간 일본인 가정에서 태어났다. 그는 상파울루대학교를 졸업한 후 선대의 모국인 일본에서 생물학을 배우기 위해 1968년 교토(京都)대학 대학원에 유학했다. 하지만 박사학위는 1974년에 핀란드의 헬싱키대학교에서 취득했고, 거기서 건축가인 카리 씨와 결혼했다. 독일에서의 연구생활 후에 1981년 마침 세포면역 연구자를 구하고 있던 보스턴의 매사추세츠공과대학으로 옮겨갔다가 다시 볼티모어 박사가 있는 터프츠대학교로 옮겨갔다(D. J. Kevles, 1998, *Baltimore Case: A Trial of Politics Science and Character*, New York: W. W. Norton & Company). 그녀는 7개 국어를 구사할 수 있을 정도였으나 영어의 표현력에는 문제가 있어 『셀』지에 논문을 발표한 1986년 당시의 영어 실력은 형편없었다. 박사는 '데이터 날조'로 의혹의 대상이 된 것인데 고발자와 조사담당자 간에 원활한 의사소통이 이루어졌는지에 대해서는 의문의 여지가 있다.

이 사건에서 볼티모어 교수는 사실 주연이 아니었다. 하지만 그는 그 문제 논문의 여섯 명의 공동 저자 중 한 명이었던 것이다. 그 논문에 실린 실험의 대부분은 테레자 이마니시카리 박사라는 여성 과학자 손으로 이루어졌다. 면역 체계에 중요한 몫을 하는 유전자로 아직 밝혀진 적이 없는 낯선 종류의 유전자를 생쥐 몸에 넣은 실험이었다. 이마니시카리는 그 결과 그 유전자가 생쥐의 항체 형성을 변화시키는 모습을 관찰할 수 있다고 발표했다. 이 유전자는 볼티모어가 책임자로 있는 연구팀에서 나왔던 것이라 볼티모어도 공동 저자로 1986년의 논문 발표에 참여하게 되었다.

이 논문의 발표가 커다란 반향을 불러일으킨 까닭은 몸에 유전자를 넣음으로써 발생하는 면역반응의 변화가 인체면역결핍바이러스(HIV)의 감염 또는 에이즈란 병이 생기는 원인을 밝히는 데에도 중요한 역할을 할 것으로 보였기 때문이다. 이마니시카리도 당연히 그 방향에서 연구를 계속할 생각이었다. 그래서 새로 함께 일하게 된 여성 연구자 마고 오툴(Margot O'Toole) 박사에게 실험을 계속하면서 적용 범위를 넓히는 일을 맡겼다. 그런데 오툴 박사는 연구에 반드시 필요한 측정을 하는 데 크게 어려움을 겪었고, 따라서 이마니시카리의 실험 결과를 재현할 수가 없었다.

오툴 박사는 그 원인을 찾던 중 실험실에 있는 서류철에서 이전에 발표된 실험 결과와 다른 내용이 기록된 자료들을 찾게 되었다. 조작이란 짐작이 들었기 때문에 자신의 박사과정을 지도했던 교수에게 그것을 자세히 검토해달라고 부탁했다. 그 교수는 다른 면역학자 한 사람과 함께 조사한 끝에 이마니시카리의 기초 자료 수집이 부주의하게 이루어졌고, 실험 결과의 기록에도 몇 군데 잘못이 있는 것 같다고 결론지었다. 그러나 두 사람은 계획된 조작 가능성은 없다고 생각했다. 이마니시카리가 조작 의혹을 제기한 오툴을 불러 곧바로 실험을 계속시켰다

볼티모어와 클린턴

는 사실 하나만 보더라도 의도한 사기라고 볼 수 없었다. 사기를 칠 사람이 조작 사실이 발견될 위험을 감수할 리는 없을 것이기 때문이다.

따지고 보면 이 단계에서 발표된 논문의 자료들을 수정하는 것으로 이 사건은 마무리될 수 있었을 것이다. 하지만 그 사이 그 연구에 일부 관여했던 이마니시카리의 동료 연구원 중 하나가 미국의 '국립 당뇨병, 소화기 및 신장 관련 질병연구소(NIDDK)'에서 일하던 월터 스튜어드(Walter Steward)와 네드 페더(Ned Feder)에게 이마니시카리의 논문에 조작 혐의가 있다는 사실을 알리고 말았다. 그 두 사람은 이미 오래전부터 학계의 사기사건들에 관심을 기울여 왔으며, 실제로 '다시(John R. Darsee) 사건'을 규명한 '사기꾼 응징자'로 유명했다. 두 사람은 새로 의심을 사게 된 그 사건을 파고들었다. 그 사건은 노벨상 수상자가 끼여 있는 까닭에 유난히 흥미롭게 보였기 때문이다.

그러나 조작 의혹에 대한 볼티모어와 이마니시카리의 대응 방법은 적절하게 못했다. 발표된 논문에 들어 있는 잘못에 대해 학계 동료들에게는 사과했지만 국립보건원(NIH)에서 온 두 사람에게는 아무런 해명도 하지 않았다. 그 까닭은 그 두 사람이 이 일에 관계가 있는 사람들도 아니었고 또 그것을 이해할 만한 능력을 갖추지도 못했다고 생각했기 때문이다. 이에 대해 스튜어드와 페더는 그 논문은 의도적인 조작으로 이루어진 것 같다는 보고서를 써서 그 전공의 여러 연구자와 여러 잡지사에 보냈다. 그뿐만 아니라 두 사람은 민주당 의원인 존 딩겔(John Dingell)로 하여금 이 사건에 대해 주의를 기울이도록 권고했다. 딩겔 의원은 그 사건에 수많은 대중이 이목이 쏠릴 것이라 생각하고, 그 사건을 정치 쟁점화했다.

그당시 미국의 언론과 사회는 '갤로(Robert Gallo) 사건'으로 인해 학문의 부정확성 문제에 아주 민감한 상황이었다. 게다가 두 명의 유명한 학술담당 기자들이 저술한 『학문 세계의 사기와 기만』이라는 책으로 말미암아 학문의 사기와 부정확성에 대한 사회적 관심이 더욱 뜨거워졌다. 그런 까닭에 딩겔은 아무 힘도 들이지 않고 의회로 하여금 공식 조사위원회를 꾸리게 했다. 그런데 볼티모어는 이 조사위원회의 조사 요청에도 협조를 하지 않았다. 결국 조사위원회에는 반대편 증인들만 출석했으며, 그들은 이 사건이 분명한 사기사건이라고 증언했다.

하지만 사건의 정확한 규명은 갈수록 어렵게 진행되었다. 사건의 규명을 위해 준비된 엄청난 양의 서류는 산을 이룰 정도였다. 1991년 봄 조사위원회는 잠정적인 조사보고서를 발표했는데, 이마니시카리가 유죄라는 내용이었다. 조사위원회의 활동에 비협조적이었던 볼티모어 역시 그의 행동 때문에 심한 비판을 받았다. 결국 그는 록펠러대학교 총장 자리도 사퇴해야만 했다.

그와 반대로 오툴은 영웅이 되었다. 언론 앞에 자주 나서다보니 어느덧 깨끗한 학문 풍토를 위해서는 두려움을 모르는 투사의 모습으로 자신을 멋지게 연출하는 법도 알게 되었다. 그녀는 '몸을 사리지 않고' 그 일을 규명하는 데에 중요한 역할을 한 공로로 '카발로 어워드(Cavallo Award)'란 이름의 상은 물론, 미국화학자협회(American Institute of Chemists)의 윤리상과 보스턴윤리학회를 포함한 몇 개의 상을 받았다.

1994년 완결된 조사위원회의 조사보고서는 이마니시카리에게 천재지변과도 같았다. 총 19개 혐의에서 유죄로 판정된 것이다. 전문지식이라고는 전혀 없는 여러 행정 부서의 일방적인 공조를 통해 피고소인에게는 스스로를 변호할 기회도 제대로 주지 않았다. 그 요란한 소동의 최고 봉우리라면 단서들을 확보하고 범죄심리학적인 측면에서 분석 작업을 하기 위해 중앙정보국(CIA)까지 이 사건에 개입한 사실이었다.

이마니시카라는 자신의 결백을 입증하기 위해서는 법에 호소하는 수밖에 달리 길이 없다고 보고 실력있는 변호사 사무소에 이 일을 의뢰했다. 조사위원회의 판결에 대한 항소심이 열리게 되었고, 변호인은 새로운 위원회 구성을 신청했다. 그 결과 새로 만들어진 조사위원회는 앞의 위원회에 비해 비교적 공정했으며, 혐의자에게 자신의 변호를 위한 발언 기회도 충분히 주었다. 또한 전공 지식을 갖춘 조사자로 하여금 모든 사건을 설명하게 했다. 이마니시카리의 동료들 중에는 자기 주머니를 털고 모금을 하여 소송비용을 대려고 한 사람들도 있었다. 심지어 변호사들마저 자기들의 보수를 마다했다.

그 결과 1996년 마침내 이마니시카리는 모든 혐의에서 무죄 판결을 받았고 그에 따라 볼티모어의 명예도 되찾게 되었다. 볼티모어는 전 세계에 그 이름을 떨치고 있는 캘리포니아 기술연구소의 소장으로 초빙되었다. 이마니시카리는 마침내, 이미 오래전에 결정되었지만 여러 해 동안의 조사활동으로 인해 가로막혀 있던 터프츠대학교의 교수가 되었다. 오툴은 이 새로운 판결을 가리켜 '익살극'이라고 한 볼티모어 교수의 경쟁자들 중 한 사람 옆에서 보수 좋은 자리를 얻게 되었다.

이 사건이 최대의 희생자가 된 것은 다른 누구보다 스튜어드와 페터였다. '국립보건원(NIH)의 사보나롤라(Girolamo Savonarola: 이탈리아 종교개혁자)'라는 놀림을 받게 된 것이다. 『뉴욕타임스』와 같이 정말 몇 안 되는 신문들만이 볼티모어와 이마니시카리에게 그 사건과 관련해 부분적으로 아주 악의를 띠고 또 사실에 충실치 않은 논평을 냈던 것을 공식으로 사과하기도 했다.

미국의 학문 역사가 대니얼 케블스(Daniel J. Kevles)는 1998년 이 연극 같은 사건의 전말을 『볼티모어 사건』이라는 두꺼운 책으로 펴냈다. 이 책에서 케블스는 다른 것들과 견줄 때 별로 해롭지도 않은 사건을 미국의 학문 역사에서 가장 큰 스캔들로 부풀려 만든 헐뜯기, 휩쓸려 얽혀들기, 혼란과 같은 현상들을 자세하게 밝히고 있다. 끝내 그 모든 것이 다 바람에 쓸려가 사라지듯 했지만, 자연과학 연구에 대한 미국의 언론과 여론의 의혹이 가득한 눈길은 그대로 남았다.

이 사건은 "과학의 부정행위라는 새로운 과제가 사회에 수용되어 나가기 위해 큰 대가를 지불했다"고도 볼 수 있다. 최종적으로 부정에 대한 의혹이 벗겨졌다고는 하지만 볼트모어 박사와 이마니시카리 박사에게는 인고(忍苦)의 세월이었을 것이다. 또 이 사이 오툴 박사도 터프츠대학교를 퇴직해 유전공학 관련 기업으로 전직했다.

1989년에 연구공정국의 전신 기관으로 과학공정국과 과학공정심사국이 보건복지부 산하의 국립보건원(NIH)에 설립되었는데, 이것은 볼티모어·아마니시카리사건에 대한 해명의 어려움으로 인해 탄생한 것이다. 그러나 과학공정국은 이 사례와 당시 문제가 되었던 인체면역결핍바이러스(HIV) 등을 둘러싼 로버트 갤로(Robert Gallo) 박사에 의한 도용사건을 해결하지 못해 이 새로운 기구에 대한 과학계의 비판을 해소하지 못하고 있었다. 그런 만큼 부정행위 조사의 방법과 특히 법적인 대처를 확립하는 것이 급선무였다. 그리고 과학공정국의 조사 방법은 대결형이 아니라 과학자 간의 대화를 중시한 온건한 방법이어서 서서히 그 한계가 엿보이기 시작했다.

볼티모어·이마니시카리 사건에 대해 로크(S. Lock) 박사는 "과학공정국은 폭풍우와 같은 경험을 했다"고 회고하고 있다. 많은 쓴소리를 들었던 것이다. 부정조사는 지지부진했고, 비밀주의적이었으며 부당한 정치적 압력에 굴복했고 공표 전에 문서가 유출되기도 했다. 부정행위에 대한 지견(知見)의 대부분은 과학공정국 자체 조사가 아니라 대학 등의 연구기관으로의 보고를 바탕으로 했다. 또 조사를 위한 법적 뒷받침이 확립되어 있지 못한 점이 큰 문제였다. 이 두 조사기관에 의한 부정행위 해명의 구도에 대한 반성이 종래의 과학연구자를 중심으로 한 조직에서 새로 법률가를 추가한 연구공정국(ORI)을 1992년에 창설하게 했다.

서머린 사건

부정행위를 둘러싼 1970년부터 오늘날까지의 흐름을 관조해 보자. 『뉴욕타임스』의 브로드(W. J. Broad)와 웨이드(N. Wade)가 쓴 『배신의 과학자들(*Betrayers of the Truth: Fraud and Deceit in the Halls of Science*)』(원전 1982년, 국역판 1989년 겸지사)에서는 이제까지 과학 연구의 세계에 부정 따위는 있을 리 없을 것이라고 믿었던 많은 사람에게 큰 충격을 안겨주었다. 이 책의 내용은 국내에도 널리 알려져 있고, 새

로버트 굿

삼 여기서 소개할 필요는 없을 것 같다. 다만 그 책의 제8장에서 다룬 '스승과 제자'에서 소개된 1974년에 일어난 '서머린 사건'은 로크 박사에 의하면 "사람들이 과학의 부정행위라는 문제의 소재에 최초로 접근한 터닝포인트가 된 사례"였으므로 여기서 그 개략을 약술하겠다.

1967년 크리스티안 바너드(Christian Barnard, 1922~2001)가 최초로 심장 이식 수술에 성공을 거두고 난 뒤 전 세계에서 장기 이식 분야의 연구는 성황을 이루며 비약적인 발전을 하게 되었다. 이런 연구의 흐름에서 무엇보다 전면에 부각된 것은 수술 기술의 발달이 아니라 이식을 통해 발생할지도 모를 염려스런 거부 반응을 어떻게 막을 수 있느냐 하는 문제였다.

미네소타대학교에서도 이 문제에 대한 연구가 한창이었다. 이곳 연구의 책임자 가운데 면역학자 로버트 굿(Robert A. Good, 1922~2003)이란 인물이 있었다. 그는 뛰어난 학자일 뿐만 아니라 학문 외적인 부문에서도 뛰어난 능력을 발휘했다. 그는 끊임없이 대형 연구 프로젝트를 수주했으며 그것으로 수많은 뛰어난 연구원들에게 연구비를 지급하며

그 연구를 맡길 수 있었다. 굿은 또 명예욕도 있었기 때문에 자기의 이름이 공동 연구자로 오른 연구 논문들이 되도록 많이 발표될 수 있도록 연구자들을 독촉하기도 했다. 이런 식으로 해서 5년 동안 굿의 이름이 함께 등재되어 발표된 논문 수가 무려 700편쯤 된다.

젊은 의사였던 윌리엄 서머린(William T. Sumerlin)은 1971년 스탠퍼드대학교에서 박사학위를 받고 난 뒤 유명한 굿 교수의 연구팀에 들어갈 수 있게 되자 여간 행복해 하지 않았다. 그러나 그리 오래지 않아서 그 교수가 늘 바쁘게 돌아다니는 바람에 엄청난 수의 자기 연구원들과는 이야기를 나눌 시간이 거의 없다는 사실을 알게 되었다. 나중에 서머린은 그 상황에 대해 이렇게 썼다.

그와 이야기를 나눌 기회를 얻는 것은 정말 어려웠다. 그를 만나 단 몇 분이라도 이야기를 하려면 새벽 4시나 5시에 일어나야만 했다.

굿이 세계적으로 유명한 뉴욕의 슬론케터링연구소(Sloan Kettering Institute)의 소장으로 초빙되면서 사정은 더 어려워졌다. 굿이 꼼꼼히 준비하고 가려 뽑은 50명의 연구자와 함께 이사(移徙)가 이루어졌고, 그 50명 속에는 서머린도 들어 있었다. 굿의 수많은 연구원 속에서 서머린은 주목받을 만한 면역학 논문을 몇 편 발표했기 때문에 굿은 그가 뉴욕에 함께 갈 자격이 충분하다고 판단했던 것이다.

뉴욕에 도착하자 서머린은 곧바로 연구를 시작했으며 또한 소장이 연구 프로젝트를 따는 데에도 팔 걷고 나서서 돕기 시작했다. 그사이 그가 배우게 된 것은 일을 얻기 위해서는 신청서를 잘 쓰는 것도 중요하지만 그에 못지않게 중요한 것이 바로 대중매체의 호의적인 뒷받침이란 사실이었다. 그에 따라 서머린은 자기가 거두는 연구 성과들이 되도록 일반 방송이며 신문에서 큰 반향을 불러일으키도록 하는 데에 신경을 썼다. 1973년 스스로 기자회견의 자리를 만들어서 사람의 피부는 이식하기 전에 몇 주일 동안 조직배양실에 두게 되면 거부 반응 없이 이식할 수 있다고 발표했다. 그러면서 사람의 각막을 토끼 눈에 이식하는 실험을 이미 여러 차례 했으며 면역학적 거부 반응 없이 성공했다는 사실도 알렸다. 이런 이야기들이 보도되자 그에게 이목이 쏠리게 되었다. 서머린이 장기 이식 과정에서 생기는 면역학적 거부 반응의 문제를 대체로 해결한 것처럼 보였기 때문이다.

당연히 같은 분야의 다른 학자들도 서머린이 설명한 방법에 대해 관심을 갖기 시작했다. 그러나 안타깝게도 다른 연구자들은 서머린이 설명한 결과들을 확인할 수 없었다. 따라서 서머린이라는 연구원이 실현 불가능한 기술을 선전하고 있다는 비판이 자주 제기되었으며, 그 비난은 굿의 귀에까지 들려왔다. 자기 이름이 그 논문의 공동 저자로 올라 있었기 때문에 굿은 그런 비난이 자기를 향한 것이라고 받아들여 싸움이라도 할 것처럼 그런 비난에 반응했다. 그는 서머린의 연구 결과를 지지하고 나섬으로써 우선은 그에 대해 더 이상 논쟁이 일어나지 않도록 했다.

그러나 피터 메더워 경(Sir Peter Medawar, 1915~1987)까지 그 결과들에 대해 의심하자 일은 더욱 복잡하게 되었다. 왜냐하면 메더워 경은 슬론케터링연구소의 학술 고문이었으며 또한 노벨상까지 받은 사람이었던 것이다. 메더워가 처음 의심을 한 것은 서머린이 연구소 고문들에게 두 눈에 사람의 각막을 이식했다는 토끼를 보여주었을 때였다. 메더워 경은 나중에 그때의 연구 성과 발표 장면을 떠올리고 몹시 자책하면서 이렇게 썼다.

그 토끼에게 이식을 했다는 걸 믿을 수가 없었다. 각막이 너무나 깨끗했기 때문이기도 했지만, 그보다는 각막 둘레의 혈관 어디도 잘린 흔적이 보이지 않았기 때문이다. 하지만 우리가 지금 속임수나 아니면 고등 사기에 휘말려든 것 같다는 말을 꺼낼 용기가 없었다.

메더워가 사기라는 비난을 아직 하지는 않았지만 고문들의 회의 자리에서 보이는 그의 태도는 서머린의 연구 결과를 의심하는 것이 분명했다. 그래서 굿은 서머린의 실험을 자기 실험실에서 검토했는데, 그 결과 서머린의 주장이 엉터리라는 사실을 확인했다. 굿은 1974년 3월 그 사실을 공개하기로 결정했다. 하지만 그런 사실이 발표되면 학계에서 그의 명성이 심한 타격을 받게 되리라는 것은 누구나 알 수 있는 일이었기에 그는 그 발표를 망설이고 있었다. 이에 서머린은 다른 이식의 성공 사례를 새롭게 소개함으로써 소장의 마음을 관대한 쪽으로 되돌리려 했다. 마침내 그는 3월 26일 7시 자신의 실험실에서 굿을 만나기로 약속하는 데 성공했다. 그는 새벽 4시부터 준비를 했다. 다른 생쥐의 조금 더 어두운 색의 피부조직을 이식한 흰색 생쥐 두 마리를 선보일 계획이었다. 그러나 아무래도 피부의 부위별 차이가 서머린 눈에는 그리 뚜렷하게 보이지 않았던 모양이었다. 그는 이식된 부분에 검은색 펠트 펜(felt pen)으로 덧칠을 한 것이다.

굿과의 면담은 서머린이 바라던 대로 잘 끝났다. 교수는 평소처럼 시간이 없이 서둘러야만 했고 그래서 서머린이 준비한 '치장'된 생쥐들을 잠깐 훑어보고 만 것이다. 서머린은 그래서 자기의 작전이 성공을 거두었다는 희망을 품게 되었다. 그러나 실험 소개가 끝나고 난 뒤 생쥐들을 사육사에게 돌려준 서머린은 그 사육사가 검은 반점들을 자세히 살펴보리란 것은 생각하지 않았다. 하지만 그 전까지는 반점이 전혀 없던 동물들에게 갑자기 생긴 검은 반점들이 사육사의 눈에 띄고 말았다. 그 반점들이 지워진다는 걸 확인하자 서머린이 소장을 속인 것이란 사실이 분명해졌다.

서머린 박사의 페인티드 마우스

그 사실을 전해 들은 굿은 즉시 서머린을 내쫓았다. 연구소의 간부들은 처음에는 그 창피스런 사건을 연구소 안에서 자체적으로 해결하려고 했지만, 몇 주일 지나지 않아 신문에 기사가 실렸다. 그 기사는 '페인티드 마우스(painted mouse)'의 이야기를 다루면서 서머린을 가리켜 '생쥐 칠장이'라고 비난했다. 그러자 슬론케터링연구소 소장은 어쩔 수 없이 5월 24일 공식 해명을 하게 되는데, 그 해명에는 다음과 같은 말이 담겨 있다.

서머린 박사의 최근 행동이 이성적으로는 설명될 수 없는 이유가 자신의 행동이나 설명에 대해 책임을 물을 수 없을 정도의 정서장애에 시달리고 있기 때문이라는 결론에 이르게 되었습니다. 그에 따라 우리 연구소는 서머린 박사에게 오늘부터 연구소를 쉬고 조용히 그의 병에 필요한 치료를 받을 수 있도록 1년간 유급 병가를 주기로 결정했습니다.

메더워가 서머린의 행동을 두고 한 다음 설명이 아무래도 더 적절할 것 같다.

그 스스로 자기가 진리를 말했다는 데에 절대 확신을 가지고 있었기 때문에 착각에 빠져 심각한 결과를 낳고 말았다.

연구소가 소집한 조사위원회는 결과보고서에서 굿에게도 일부 잘못이 있다면서 다음과 같이 썼다.

굿은 여러 연구자가 서머린 박사의 실험을 되풀이하면서 커다란 어려움을 겪던 그 시점에 서머린 박사의 행동이 명예롭지 못하다는 추측에 대해 그저 주저하는 반응밖에 보이지 않았다.

서머린 스스로도 다음과 같은 공식 해명을 통해 자기의 행동에 대해 사죄했다.

나의 잘못은 잘 알려졌다시피 그릇된 자료를 만든 데 있었던 게 아니라 오히려 연구소 소장이 내게 맡긴 일에서 오는 스트레스, 그러니까 여러 가지 의미 있는 연구 결과들을 발표해야만 하는 데에서 오는 극단의 압박감에 스스로 굴복한 데 있다.

서머린은 어느 기자에게 좀 더 뚜렷하게 이렇게 말했다.

그러다가 1973년 가을 어느 땐가 놀랄 만한 새로운 발견을 내놓지 못하게 되었을 때였어요. 그러나 굿 박사는 내가 중요한 연구 실적을 내지 못하니까 제 구실을 못한다면서 심하게 질책했습니다.

물론 굿 박사는 이런 극단적인 형태로 서머린에게 압력을 준 적이 없다고 잘라 말했다.

이 사건이 굿에게 그리 심각한 결과를 낳지 않았던 것은 무엇보다 메더워의 변호 덕이었다. 그러나 서머린의 연구자로서의 활동은 그대로 끝나게 되었다. 그는 루이지애나의 어느 작은 도시로 가서 피부과 의사로 일하며 생활비를 벌었다.

1981년에 미국 연방 하원의원인 앨버트 고어 주니어(Albert Gore, Jr. 후에 클린턴 대통령 때의 부통령 역임)는 생물의학 분야의 부정행위를 다루는 공청회를 개최했다. 고어 의원은 이제까지 일어난 부정행위 사건을 검토한 결과 연방정부와 대학 모두 부정행위의 고발에 대처하는 시스템이 확립되어 있지 않다는 사실을 깨닫게 되었다. 그러나 당시의 일반적인 여론은 고어 의원의 공청회에서 진술한 어떤 연구자의 증언처럼 과학 연구는 전문가에 의한 자립적인 활동이므로 레퍼리 시스템(referee system)에 의해 효과적인 자율규제 메커니즘이 작동하고 있다. 따라서 부정행위에 대한 대응은 불필요하다고 생각하는 추세였다.

　　이보다 한 해 전인 1980년에는 엘리아스 알사브티(Elias A. K. Alsabti) 사건이 발생했고, 1982년에는 하버드대학교의 심장병 전문연구자인 존 다시(John R. Darsee)의 논문 데이터 날조사건이 발생했으며, 전재한 『배신의 과학자들』이 출간되었다. 당시 과학계와 미국 연방의회 사이에는 부정행위를 둘러싼 커다란 인식의 차이가 있었다.

　　과학계의 반응을 보면, 대부분의 과학자는 "과학계의 문제는 정부가 관여할 사안이 아니며 과학계 스스로 자율규제로 해결할 수 있다"고 생각했다. 이와 같은 상황에서 1980년대 전반에 대표적인 학술기관 몇 곳에서 '과학의 부정행위에 대한 대응'이 검토되어 여러 가지 권고와 보고서가 발표되었다.

- 1980년: 미국의 가장 큰 학술기관인 미국과학진흥협회(American Association for the Advancement of Science: AAAS)의 보고
- 1982년: 미국의과대학협회(American Association of Medical Colleges: AAMC)의 보고
- 1988년: 미국대학협회(Association of American Universities: AAU)의 보고

그러나 이들 보고서는 학술기관에 널리 보급되지 못하고 일부 대학만이 부정행위에 대한 규제를 마련했을 뿐이었다. 그리고 대부분은 대학 내의 뜬소문으로 끝나는 정도였다. 연구자들은 "레퍼리 시스템을 중심으로 자율규제만으로도 부정행위에 능히 대처할 수 있다"고 믿고 있었으므로 새로운 대응에 찬성하지 않았다.

잡지 편집자 측의 대응으로는 영국과 미국의 종합의학잡지 편집자위원회(International Committee of Medical Journal Editors)가 1978년에 참고 문헌의 기재 방법을 포함한 통일된 투고 규정 작성을 목적으로 모여 새로운 규정을 마련한 바 있다.

그 후에 개정을 거듭하면서 이 밴쿠버 스타일은 전 세계 생명과학 분야 잡지에 전파되었다. 그리고 1984년에는 '다중(多重) 출판'에 대해, 1985년에는 '오서십(authorship)'의 가이드라인'에 대해, 1988년에는 '연구 지견(知見)의 철회'에 대한 출판 윤리에 관한 권고를 발표함으로써 이 스타일은 과학계를 이끌게 되었다.

연방정부기관은 보고된 연구의 부정행위를 다루기 위한 규제를 명확하게 할 필요가 있었다. 그래서 1986년에는 공중보건국이 '과학의 부정행위에 대한 방침과 대처 방법(Policies and Procedures for Dealing with Possible Misconduct in Science)'을 발표했고, 1987년에는 미국과학재단이 '과학·공학 연구에서의 부정행위: 최종 규제(Misconduct in Science and Engieneering Reseach: Final Regulations)'를 발표했지만 이와 같은 지침을 수용하려는 대학과 연구기관은 많지 않았다.

연구공정국의 창설과 과제

새로 창설된 연구공정국(研究公正局, Office of Research Integrity: ORI)

이 최초로 직면한 큰 과제는 '연구기관에서 실시한 조사를 감사하거나 직접 부정행위 조사를 조사할 때의 표준적인 대응 절차를 확립하는' 일이었다. 그것은 연구공정국 안에서 사신(私信)의 관리, 뉴스미디어에 대한 대처, 사무실에서의 파일 취급을 포함한 것이었다. 즉, 부정행위 조사에 임해 조사계획, 인터뷰의 실행, 법률적인 조언, 과학적·법률적인 증거 분석법 확립 등이다. 1992년은 연구공정국의 창설뿐만 아니라 중요한 전문서, 즉 라폴렛(M. C. LaFollette) 교수에 의한 『도둑맞은 출판: 과학 출판에서의 기만, 도용, 부정(Stealing into Print: Fraud, Plagiarism, and Misconduct in Scientific Publishing)』이 간행된 해이기도 했다.

라폴렛 교수는 위 도서의 첫머리에서 다음과 같이 기술하고 있다.

진실을 다루는 과학이 본래부터 가지고 있다고 생각했던 높은 신뢰성에 의문이 제기되었다. 20세기 후반에 이르러 사람들은 정치와 오락 세계에서는 기만과 사기를 일반적인 사례로 받아들이게 되었다. 그러나 사회가 과학에 두었던 신뢰는 정치나 오락 등과는 한 획을 달리한다고 생각했었다. 이 신뢰가 무너지고 있는 것이다.

사람들은 연구 세계에도 거짓과 속임수가 존재한다는 사실을 깨닫게 된 것이다.

1960년대와 70년대는 "도용과 날조는 정신 상태가 정상이 아닌 자에 의한 드문 사례였고, 대부분의 연구자와는 상관이 없는 문제"로 간주되었다. 그러나 1980년대에 들어서자 일반에게까지 널리 알려지게 된 사례가 "거액의 연구지원금을 얻어 일류지에 그 연구 성과를 발표하려고 하는 유명 연구기관"에서 발생하기 시작했다. 이들 연구기관의 연구자가 자기 조직과 개인의 성공을 위해 부정행위에 손을 뻗치기 시작한 것이다. 이제까지의 레퍼리 시스템으로 대표되는 전통적인 검색 제

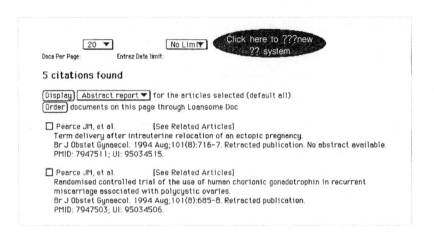

메드라인에서 '철회'를 나타내는 기사

도로는 부정행위에 대응하지 못하고, 전통적인 평가 시스템의 무력함이 명백하게 밝혀진 것이다.

　연구공정국이 설립된 것과 같이 1992년에 미국 국립의학도서관은 '논문의 철회 주기(注記), 잘못 등에 대한 방침'을 발표했다. 세계의 생명과학, 의학 영역의 대표적인 문헌 데이터베이스인 메드라인(MEDLINE)에서 만약 논문을 발표한 후에 철회된 것이 있으면, 이용자가 식별할 수 있도록 '철회된' 사유의 기재를 삽입하게 되었다. 저자, 제목, 잡지명, 키워드 등의 분야에 추가해서 '출판 타이프'라는 분야에서 '철회 논문'이라는 사실을 명시하기 위해 'retracted publication'이 부가되었다. 부정행위로 인한 잘못이 명백하게 밝혀진 연구 성과가 널리 이용되는 것을 막기 위해 철회 정보와 해당 문헌을 링크시킨 것이다. 또 연구자뿐만 아니라 학술잡지 편집자, 문헌 데이터베이스 제작 기관 등에서 부정행위에 바탕한 연구 정보의 유통에 대해 좀 더 구체적인 대응이 검토되기 시작했다.

　부정행위를 테마로 이제까지 많은 논쟁과 과제가 있었지만 이 무렵부터 과학계는 '부적절한 행위는 간과될 수 없는 것'이란 인식에 의견의 일치를 보게 되었다. 1990년대가 되어 대학은 부정행위에 대한 의심스러운 생각에 대해 눈을 감을 수 없게 된 것이다.

부정을 나타내는 용어를 둘러싼 화제

『과학자의 부정행위 : 날조·위조·도용』의 저자인 야마사키 시게키(山埼茂明)는 1998년 9월 워싱턴의 과학편집자 국제회의에 참석하는 길에 연구공정국을 두 번째로 방문한 바 있다. 방문하기 전까지 쉬츠(M. D. Scheetz) 박사와는 전자메일로 여러 번 교신은 했지만 다시 한 번 직접 만나 몇 가지 질문을 한 적이 있다.

쉬츠 박사는 먼저 과학의 부정행위를 표시하는 두 가지 용어의 뉘앙스의 차이를 설명해 주었다. 그 용어에 따라 표현되는 의미는 크게 다르다. scientific misconduct에는 부정적인 톤이 있고, 한편 scientific integrity에는 비판적인 분위기가 적다. misconduct라는 용어를 사용해 연구자와 이야기하면 연구자는 몸을 사려 토의를 회피한다. 그러나 integrity에는 '좋은 과학 연구(good scientific practice)'라는 느낌이 강하게 표시되어 있다. 쉬츠 박사의 조언은 "좋은 과학 연구를 확립하기 위해, 연구공정국도 연구자도 같은 무대에 서서 협조해야 하며 연구자들에게 비판적으로 대응하면 실패한다. 부정행위를 스캔들로 간주해 비난하며 고발하는 것은 해결을 위한 전략으로서는 그릇된 것"이라는 내용이었다.

박사는 또 다음과 같이 설명하기도 했다. "연구공정국이 발족했을 때는 신고에 바탕해 독자적으로 부정행위 조사에 힘을 투입했지만 중요한 것은 오히려 예방에 있다는 것이 분명하게 밝혀졌다." 그 때문에 연구공정국은 이른바 과학계의 경찰 같은 이미지를 불식하고 교육 계몽활동에 중점을 두도록 변화했던 것이다. 좋은 과학 연구에의 흐름을 강화하기 위해 과학계와의 협력과 상호 관계를 형성하느냐 여부가 연구공정국이 성공하기 위한 열쇠가 될 것이다. 연구공정국과 대학 등과의 협력으로 회의를 개최해 그 성과의 보급을 도모해야 할 것이다. 교육 프로그램의 개발, 대학과 연구기관에서의 부정 조사 방법, whistle-blower라 불리는 내부고발자의 보호 등, 다양한 모델을 보급할 필요가 있다. 또 잡지 편집자에 대한 가이드라인 작성, 데이터베이스 제작 기관과의 협력 등도 포인트가 된다. 그런 만큼 연구공정국의 활동은 본래는 부정행위 조사에 있으나 다시 다음과 같은 활동이 새롭게 중시되고 있다.

- 홍보자료의 작성과 회의의 개최를 통해 과학계에 대한 교육 계몽 활동을 한다.
- 부정행위를 인지하면 뉴스레터, 연차보고서 등을 인터넷을 통해 과학계뿐만 아니라 일반 사람들에게도 알린다.

부정행위가 명백하게 밝혀지면 공식적으로는 고발된 연구자에 대해서는 보통 3년 정도의 공중보건국에 대한 지원금 신청 정지와 정부 관련 위원의 촉탁 중지 등의 조치가 취해진다. 이 법적인 대응은 그다지 큰 벌칙은 아니다. 그러나 연구자에게 결정적인 것은 뉴스레터 등을 통해, 특히 현재는 인터넷을 통해 부정행위 사례의 개요가 공표되는 점이다. 또 필요에 따라 신청이 있으면 상세한 보고자료가 공개된다. 이것은 연구자로서의 생명이 단절됨을 의미하는 동시에 소속 기관의 판단에 따르기는 하겠지만 그 지위(post)로부터의 해임도 예상된다.

이처럼 부정행위 방지에 대해 사례 데이터의 인터넷상의 공개는 큰

CASE SUMMARIES

Lingxun Duan, M.D., Thomas Jefferson University (TJU): In a case related to a Global Settlement Agreement in a *qui tam* suit between the United States and TJU, and based on an oversight review conducted by the Office of Research Integrity (ORI), the U.S. Public Health Service (PHS) entered into a Voluntary Exclusion Agreement with Dr. Duan, former Research Assistant Professor of Medicine, Division of Infectious Diseases, Department of Medicine, TJU. The PHS alleged that Dr. Duan engaged in scientific misconduct by reporting research that was inconsistent with original data or could not be supported because original data were not retained. Dr. Duan denied all allegations of scientific misconduct and contended that some of his original data is missing. The research in question was supported by a National Institute of Allergy and Infectious Diseases (NIAID), National Institutes of Health (NIH), grant, R01 AI36552, entitled "Intracellular antibodies and HIV 1." Specifically, the research in question was reported in an NIAID, NIH, grant application; in an FDA-approved phase I gene therapy investigational new drug (IND) application entitled "Intracellular immunization against HIV-1 infection using an anti-rev single chain variable fragment (SFV);" and in two publications: (1) Duan, L., Bagasra, O., Laughlin, M.A., Oakes, J.W., & Pomerantz, R.J., "Potent inhibition of human immunodeficiency virus type I replication by an intracellular anti-Rev single chain antibody," *Proc. Natl. Acad. Sci. USA* 91:5075-5079, 1994; and (2) Levy-Mintz, P., Duan, L., Zhang, H., Hu, B., Dornadula, G., Zhu, M., Kulkosky, J., Bizub-Bender, D., Skalka, A.M., and Pomerantz, R.J., "Intracellular expression of single-chain variable fragments to inhibit early stages of the viral life cycle by targeting human immunodeficiency virus type I integrase," *J. Virol.* 70:8821-8823, 1996.

Under the terms of the Agreement, Dr. Duan voluntarily agreed, beginning June 7, 2000: (1) to exclude himself from any contracting, subcontracting, or involvement in grants and cooperative agreements with the U.S. Government for a period of 2 years; (2) that for 1 year after the conclusion of the voluntary exclusion period, his participation in any PHS-funded research is subject to supervision requirements; and (3) to exclude himself from serving in any advisory capacity to PHS, for a period of 2 years. Dr. Duan also agreed that he will not oppose the submission to journals of a statement summarizing the current state of the science with respect to the scientific matters at issue relating to grant R01 AI36552, which was jointly agreed to by TJU and the United States in the Global Settlement Agreement.

Mr. Jin Qian, New Dimensions Research and Instrument, Inc. (NDRI): Based on an investigation by ORI, the PHS made a final finding of scientific misconduct against Mr. Qian, Executive Manager for Corporate Planning and Research, NDRI. Mr. Qian committed scientific misconduct by plagiarizing research results and text from other investigators in an application to the National Institute of Neurological Disorders and Stroke (NINDS), NIH, for a Small Business Innovation Research award, "Glass-based neurochip system," 1 R43 NS39266-01. Specifically, based on ORI's analysis, the PHS found that Mr. Qian: (1) used research images and descriptions posted on the Internet to create seven figures in the application and used that material, its associated text, and text from other publications obtained from the Internet without attribution; (2) misrepresented research results in two of the plagiarized figures as exemplar applications of NDRI's proprietary technology; and (3) misrepresented his research bibliography in that application and to ORI staff during the investigation. These actions constitute falsification in proposing research because their collective effect was to falsify the basis on which NIH reviewers determine whether NDRI could achieve the goals of the proposed project.

Mr. Qian accepted the PHS finding and entered into a Voluntary Exclusion Agreement with PHS in which he has voluntarily agreed for a 3-year period, beginning June 12, 2000, to exclude himself from any Federal grants, cooperative agreements, and from serving in any advisory capacity to PHS.

See Case Summaries on page 9.

부정행위의 사례를 나타내는 요약(ORI)

의미를 가지고 있다. 또 교육 프로그램을 개발할 때 온갖 사례로부터 배울 바가 많은 만큼 문제 사례의 공개는 유용하다. 연구공정국이 집약해 제작한 정보를 어떻게 활용하느냐가 쉬츠 박사와 같은 정보 전문가에게 요구된다고 하겠다.

파스칼(C. B. Pascal) 소장에 의하면 발족 당시의 연구공정국은 성공과 실패가 혼존한 상태였지만 부정행위 조사의 진행 속도는 빨라졌다는 것이다(C. B. Pascal, 1999, The history and future of the Office of Research Integrity: Scientific misconduct beyond, *Science and Engineering Ethics*, 5(2): 183-198, N. H. Steneck, 1999, Confronting misconduct in science in the 1980s and 1990s: What has and has not been accomplished? *Science and Engieering Ethics*, 5(2): 161-176). 연구공정국은 1994년에는 44건, 1995년에는 58건을 처리했고, 처리가 지체된 사례의 조사도 순차적으로 종료시켜 나갔다. 1995년에는 과학자의 부정행위를 고발한 데 대한 처리 방침을 종합해(ORI Model Policies and Procedures for Responding to Allegations of Scientfic Misconduct), 공중보건국의 지원금을 받고 있는 연구기관에 발송했다. 또 1994년부터 1998년에 1,200개 이상의 연구기관에서 부정행위에 대한 대처 방침이 공중보건국이 요구하는 바에 적합한지 여부를 상세하게 점검하고 또 공중보건국의 연구 지원을 받고 있는 연구기관 모두가 적절하게 대응하고 있는지 여부를 확인해 그 75%에 대해 개선을 요구했다. 이어서 1997년부터는 연 3회 기준으로 워크숍을 기획해 연구기관의 담당자 교육을 실시하고 있다. 2000년에는 연구기관의 대응을 지원하기 위해『부정행위를 다루는 방법, 조사, 연구공정국에 대한 보고 등에 관한 종합적인 핸드북』을 간행하고 있다. 또 동년 11월에는 연구 공정성에 관한 연구(Research on Research Integity)를 내건 국제회의를 처음으로 워싱턴 교외의 베데스다(Bethesda)에서 주최했다.

이렇게 하여 연구공정국은 미국의 과학계에 '없어서는 안 되는 감시 시스템'으로 자리 잡게 되었다.

연구공정국의 부정행위 조사

연구공정국이 실시한 부정행위의 조사 분석을 바탕으로, 실태를 살펴보기로 하자. 1993년부터 1997년까지 5년간 연구공정국은 약 1,000건의 고발을 접수해, 그중 218건의 조사를 완료했다. 이 218건 중에서 68건은 연구기관에 문의한 조회(照會) 조사(inquiries)였고, 정식으로 연구공정국 스스로에 의한 본조사(investigation)가 요구된 것은 그중에서 150건이었다. 이하는 이 150건을 대상으로 한 분석이다.

어떠한 부정행위 형태가 많은가를 고발 조사의 정식 대상이 된 150건에 대해 검토해 보자. 또 부정행위는 날조·위조·도용 따위가 복합해서 일어나는 경우가 많고, 아래 표와 같았다. 1993년부터 1997년까지

연구공정국에 의한 본조사의 부정 내용(1993~1995년: ORI)

부정 내용	건수	백분율
날조	18	12
위조	64	43
도용	8	5
날조 / 위조	47	31
위조 / 도용	6	4
날조 / 위조 / 도용	2	1
닐조 / 도용 / 기타	1	1
도용 / 기타	3	2
기타	1	1
합계	150건	100%

직위	인원 수	백분율
조교수	45	27
박사과정 수료자(post-doc)	32	19
교수	31	19
기술원	21	13
강사	14	8
학생	11	7
기타	11	7
합계(건)	165명	100%

의 통계적인 종합 수치인데, '날조·위조·도용(Fabrication, Falsification, Plagiarism: FFP)' 이외의 부정은 적은 편이었다. 이들의 정의에 대해서는 2000년 말까지 연방정부 내부에서도 논쟁의 표적이었지만 연구공정국의 고발 사례에서는 FFP 이외의 사례는 소수임을 나타내고 있다. 가장 많이 볼 수 있는 형태는 위조로, 150건 사례 중 79%(119건)에서 출현하고, 날조 68건(45%), 도용은 18건(12%)의 낮은 비율이었다.

고발 조사된 150건 중 76건에서 부정행위가 발견되고, 74건에서는 발견되지 않았다(M. Pownall, 1999, Falstifying data is main problem in US reseach fraud review, *BMJ*, 318-164). 조사를 종합한 로드스(L. Rhoades) 박사는 "이 시스템은 젊은층보다는 지위가 높은 연구자에 대해 유리하다"고 언급하고 있다. 즉, 지위가 높은 연구자는 고발에 대해 그 지위를 방패로 삼아 자신을 지킬 수 있기 때문일 것이다. 또 박사는 다음과 같이 부언한다.

'그러나 우리들은 왜 이와 같은 패턴이 있는가는 알지 못한다. 연구자가 이러한 의문에 흥미를 갖고 검토해 준다면 좋겠지만.' '조교수직의 연구자는 부정행위의 고발 대상자가 되기 쉽다. 고발의 3분의 1(31%)은 교수직에 의한 것이고, 이들 45건 중 17건에서 부정행위가 발견되었다. 부정행위를 발견해 그것을 폭로한 고발자의 대부분은 높은 지위의 연구자(교수, 조교수)로서 고발 건수의 절반을 차지하고 있다.

앞으로 한 발자국만 더 나가면 교수가 될 위치에 있는 조교수직은 경쟁에 내몰려 '업적을 생산하지 못하면 어쩌나' 하는 큰 압력을 받고 있으며, 다른 한편에서 상사로부터는 날카로운 시선이 쏟아지고 있을 것이다. 로드스 박사는 부정행위에 대한 조사 데이터를 수집하는 국제적인 합의를 마련하도록 제기했었다.

여기서 연구공정국이 종합한 조사 보고의 내용을 소개하겠다(Office of Research Integrity, 1998, *Scientific Misconduct Investigation 1993-1997*, Rockville: Office of Research Integrity).

첫째, 주의해야 할 점은, 연구공정국이 접수한 약 1,000건의 부정행위 고발 제소의 3분의 2는 조회 조사와 연구공정국에서 자체적으로 시행하는 본조사를 수반하지 않았다는 사실이다. 왜냐하면 조사를 진행하기 위한 충분한 정보를 가지고 있지 않거나 공중보건국이 채택하고

부정행위자 76명의 아카데믹 순위(1993~1995년: ORI)

직위	인원 수	백분율
박사과정 수료자(post-doc)	21	28
조교수	17	22
기술원	13	17
학생	8	11
교수	6	8
강사	4	5
기타	7	9
합계	76명	100%

부정행위가 없는 89명의 아카데믹 순위(1993~1995년: ORI)

직위	인원 수	백분율
조교수	28	31
교수	25	28
박사과정 수료자(post-doc)	11	12
강사	10	11
기술원	8	9
학생	3	3
기타	4	4
합계	89명	100%

있는 부정행위의 기준을 충족하지 못했거나 공중보건국 이외의 다른 정부기관에서 다루어야 할 연구 프로젝트였거나 했기 때문이다. 고발의 주요 대상 기관은 의학교였고, 기타 대상 기관으로는 병원, 연구기관, 연구소 등이 있다. 또 고발의 첫째는 데이터의 위조와 날조에 관계되는 것이었다. 이학박사나 의학박사 등의 직함을 갖는 남성 연구자가 많지만 여성도 존재하고, 이학·의학 이외의 학위 취득자도 포함되어 있다.

둘째, 150건의 조사 결과로는, 76건에서 부정행위가 인지되고, 이에 대해서는 170가지의 다양한 법적 조치가 취해졌다. 벌의 내용은 부정이 발견된 32건에서 발생한 해고, 5건의 징계처분과 4건의 감시 아래서의 연구활동 등이다. 여기서 주의해야 할 점은 부정이 발견되지 않은 사례에서도 4건의 해고, 1건의 관리직으로부터의 강등, 8건의 징계처분, 4건의 감시 아래서의 연구활동 등이 발생하고 있는 사실이다. 공중보건국 관할에서는 부정행위라는 죄를 찾아볼 수 없었지만 각 소속기관의 정의에 따라서 부정이라 간주된 고발 대상자에 대해서는 소속기관에 의한 벌이 부과되고 있었다.

- 공중보건국의 자문위원 참가 금지(91%)
- 1년 반에서 8년에 이르는 지원금 신청 대상자 자격 박탈(71%)
- 감시 아래서 연구가 진행된다(26%).
- 조사 데이터의 확인 점검을 받는다(13%).
- 조사와 실험의 기초 자료에 대해 확인 점검을 받는다(9%).
- 논문의 정정과 철회(13%)

셋째, 학생에 대한 고발에서는 73%에서 부정이 발견되었다. 박사과정 수료자(post-doc)에서는 66%, 연구기술원에서는 62%였다. 한편, 교수의 경우에는 19%, 조교수는 29%였다. 젊은이일수록 고발된 경우의 부정 발견이 많지만 지위가 높은 연구자에게서는 별로 발견되지 않는 경향이 있다. 지위가 높은 연구자의 고발 조사는 간단하지 않다고 할 수 있다.

넷째, 고발자의 47%는 높은 지위의 연구자(학부장, 교수, 조교수)가 차지하고 있으며 젊은 연구자는 21%였다. 그리고 30%는 불명으로 나타났다. 연구자 구성 면에서 본다면 절대수에서 지위가 높은 연구자보다 젊은 연구자 쪽이 많은 사실을 생각할 때 고발의 주체는 지위가 높은 연구자이고 젊은이는 삼가고 있는 것이 아니겠는가.

다섯째, 본조사(investigation) 기간은 다음과 같았다.
- 120일 이내(32%)
- 121~240일(29%)
- 241일 이상(38%)

180일 이내에 완결한 조사에서는 61%에서 부정이 발견되었지만 240일 이상 소요된 조사에서 부정을 발견한 비율은 39%로 매우 낮아졌다. 패널 멤버가 2~4명인 조사에서는 부정이라 판단되는 비율이

50%였지만 5명 이상의 패널 멤버로 이루어진 조사에서 부정이라 판단하지 못한 사례는 66%에 이르렀다. 많은 시간과 인원이 참여한 신중한 조사일수록 부정을 식별하지 못한 사실에 주의할 필요가 있다.

종합과학잡지로서 저명한 『사이언스(Science)』지는 '연구공정국이 겁을 먹고 벌벌 떠는 가축들은 뒤쫓고 있다'란 제하의 기사에서 "명백하게 부정행위의 고발은 감소 추세에 있으며, 고발 건수의 정점은 1995년의 244건이고, 1997년에는 166건으로까지 감소하고 있다"라며 약간 비판적인 어조로 해설했었다(J. Kaiser, 1999, ORT report tracks gun-shy feds, Science, 284: 901). 그러나 동시에 "연구공정국과 학회에 의한 교육 프로그램이 효과적으로 작용하고, 또 다른 대학에서의 조사로부터 배울 기회를 얻어 연구공정국은 학술세계의 좀 더 쾌적한 방침 만들기에 공헌했다"는 파스칼 소장의 말을 소개하면서 과학계에서의 연구공정국의 역할을 평가하고 있다.

실험일지가 폭로한 부정행위

1973년부터 1977년에 걸쳐 존 롱(John Long) 박사는 다른 멤버와 공동 연구로 호지킨병(Hodgkins disease: 하나 또는 수개의 림프절에 일어나는 이상 조직구의 종양성 증식이 특성인 질환) 환자에게서 적출한 악성 세포가 어떻게 하여 실험실의 글라스 기구 안에서 생육이 가능하고 또 반복해 '2차 배양'이 가능했던가에 대해 기술한 일련의 논문을 발표했다. 종양세포의 그와 같은 영속주의 이용 가치는 이 악성 종양 연구에서 큰 가치가 있었다(영속주라는 말은 배양세포가 끊임없이 증식하는 능력과 관계가 있다. 이것은 정상적인 비암세포에는 없는 능력이다).

롱은 1970년에 보스턴에 있는 매사추세츠종합병원에 부임했다. 1972

년에 그는 파울 자멕니크 박사 연구실의 일원이 되었고, 1979년에는 준교수로 승진했다.

1977년에 롱이 발표한 논문에 관한 조사 결과 롱과 그 연구조수들이 작성한 호지킨 세포의 배양주 신원(身元)에 대해 몇 가지 의문이 1979년에 제기되었다. 이 논문이 발표되기 약 1년 전에 자멕니크연구실 및 전자현미경실에서 나온 2명씩의 공동 연구자가 『국립암연구소저널』에 투고할 논문을 준비하고 있었다. 이 논문은 호지킨 종양에서 적출한 조직을 배양해 얻은 세포에 대한 항체가 호지킨병 환자의 혈청 속에 존재한다는 것을 논한 것이었다. 이들 세포와 반응하는 혈청 중 성분처럼 작은 것의 성질은 자당(蔗糖, sucrose)의 농도 구배 원심력 분리에 의해 얻어지는 데이터에 기초해 측정되었다. 이 방법에 의하면 자당 용액은 농도가 큰 순으로 원심분리기의 시험관 속에서 차례로 밑에서 위층을 형성해 나가며, 시료(환자의 혈청)는 그 농도 구배의 가장 위로 온다. 그러한 후 그 시험관을 적당한 시간 원심 분리하면 최종적으로 다양한 밀도의 혈청 성분은 그것과 같은 밀도의 자당 위치에 '집합'하게 된다. 그 논문은 그 복합물의 크기에 관해 몇 가지 소견이 가해져 편집자로부터 반송되어 왔다. 즉, 거기에 기재된 크기는 심사원의 예상에 비해 너무 작다고 생각되었던 것이다.

이 심사원의 소견은 그 계획에 가담했던 롱과 퀘이(S. C. Quay)에 의해서도 토의되었다. 다음 날 퀘이는 2주간 휴가를 얻어 보스턴을 떠났다. 그가 돌아오자 롱은 그가 없는 사이에 원심 분리 실험을 반복해 심사원 소견의 예상값과 잘 일치하는 결과를 얻었다고 알려주었다. 원고는 그에 따라 수정되어 편집자에게 급송되었고, 1978년 10월에 게재 허가가 나서 1979년 4월에 발표되었다.

1979년 가을에 퀘이는 그 복합체의 크기에 관한 문제를 재검토하기 위해 지난해 그가 휴가 중에 했다는 실험 데이터를 롱에게 보여달라고 요구했다. 퀘이는 그 노트를 조사해 그 데이터가 실제 실험에 바탕한 것은 아니라는 의혹을 갖게 되었다. 퀘이는 자신의 의혹을 병리학교실 주임인 로버트 멕클러스키(Robert Mecluskey) 박사에게 보고했다. 이와 같은 의혹을 추궁받자 롱은 자신이 실제로 그 실험을 했다는 것을 증명하기 위해 초(超)원심분리기의 기록 노트를 제출했다(연구실의 통상 관례에 의하면 초원심분리기에 관해서는 그 조작마다 조작자, 날짜, 사용된 회전자의 형, 회전 속도 등을 상세히 밝히고, 회전자의 주행[走行]에 따른 초기 회전 수와 최종 회전 수가 나란히 기록 노트에 기재된다). 퀘이는 그 기록 노트로부터 롱에 의한 의심스러운 실험에서 그 주행 시간은 그 면역복합체가 자당 농도 구배의 어느 하나 중에 정확하게 분리되기 위해 필요한 시간보다 너무나도 짧다는 사실을 산출했다.

이 계산 결과를 제시하자 롱은 결과를 날조한 사실을 시인했다.

1980년 1월 31일 롱은 매사추세츠종합병원을 사직했다. 롱의 연구는 3년간에 총액 20만 달러에 이르는 교부금에 의해 국립보건원(NIH)으로부터 지원을 받았고, 그것은 1979년의 갱신으로 다시 50만 달러의 추가금을 받은 바 있다. 롱이 데이터를 위조한 사실을 시인하자 지원금은 끊겼다.

이 사건은 그것으로 끝난 것이 아니었다. 호지킨 세포에 대한 롱의 연구에 관해 또 하나의 쇼킹한 사실이 밝혀진 것은 낸시 해리스(Nancy Harris)와 그녀의 공동 연구자들이 『네이처(Nature)』지 1981년 1월호에 논문을 발표했을 때의 일이다. 그 논문에서 그녀들은 롱에 의해 호지킨 림프종의 세포로 배양된 4개의 세포 수 중 3개는 오울원숭이(owl monky)의 림프종 세포주라는 것이 확정되었으나 롱이 만든 제4의 세포주는 헬라 세포(HeLa Cell: 원래 1951년에 헨리에타 랙스라는 여성의 자궁경암에서 얻은 것으로, 그후 세계의 거의 모든 조직배양 연구실로 확산되었다)가 아닌 인간의 세포와 동정(同定)된 사실을 명백하게 했다. 하지만 이 제4의 세포주가 호지킨 세포주인지 아닌지는 의심스러웠다. 그 이유는 그 세포가 원래 단리(單離)된 비장(脾臟)에는 종양이 발견되지 않았기 때문이다.

롱의 세포주 신원에 관한 의혹은 이미 그가 사직하기 전에 일어났었다. 롱은 1979년 초에 핵형 동정(세포 중의 염색체 수와 형의 결정)을 위해 그 세포들의 샘플을 국립암연구소(NCI)의 스티븐 오브린(Stephen O'Vrien)에게 보냈다.

오브린은 롱에게 3개의 세포주 신원은 모두 같은 것으로, 아무런 이상이 없다는 것은 롱의 주장이지만, 그 효소 패턴은 호지킨 세포가 원래 채취된 환자의 적혈구 효소 패턴과는 적합하지 않다고 보고했다. 롱이 같은 해 NCI에 연구지원금의 갱신을 신청했을 때 그는 그 신청서에 그가 만든 세포주는 그중에 헬라 세포의 표지를 가지고 있다고 기록했다. 이 기재는 동료 심사(peer review) 위원회에 의해 간과되었다. 위원회는 롱이 그 세포를 잘못해 호지킨 세포와 동정하지는 않았는가 하는 의심을 했어야 했고 적어도 롱에게 자세한 설명을 요구했어야 마땅한 것이다. 그러나 롱은 그의 공동 연구자들에게 그 세포가 다른 세포가 다른 세포주에 의해서 오염되었을 가능성이 있다는 것을 알리지 않았으므로 오브린의 보고에 관해서는 롱이 사직할 때까지 아무런 조치도 취할 수 없었다. 롱이 사직한 후 그 세포는 핵형 동정을 위해 몇 개 연구실(캘리포니아대학교 공중보건학교실, 미시간의 소아연구센터)에 보내지고, 그들 연구실에서 롱의 세포가 오울원숭이의 세포란 것을 알게 되었다. 거슬러 조사해 보면 롱이 그 세포를 호지킨병 환자로부터 분리했을 때 그 연구실에서는 오울원숭이의 세포를 사용한 연구도 따로 진행 중이었다는 것이 판명되었다.

필립 펠리그(Philip Felig)와 마찬가지로 롱도 또한 합중국 하원의 조사감시소위원회에 출두해 다음과 같이 진술했다.

내 자신의 부정행위의 경우 내가 발표한 것을 무효로 하여 올바르지 못한 견식이 명백하게 밝혀진 것은 이런 류의 불성실은 허용되어서는 안 된다고 동료가 주장한데서 비롯되었습니다.…… 연구실에서 비판적으로 또한 성실하게 연구에 종사해야 한다는, 객관적인 과학자에게 요구되는 자질이 나에게 결여되었던 것은 적어도 나의 경우에는 내가 연구에 종사했던 시스템의 결함과는 아무런 관련이 없습니다. 오히려 나에게는 그 시스템은 길을 잘못 든 연구자의 부정행위를 수정하는 데는 효과적으로 작용했던 것으로 생각됩니다.

동료 심사 제도에 대한 질문에 답해 롱은 시행되지 않았던 실험을 평가하는 것은 심사원으로서도 불가능할 것이라고 진술했다. 교정 조치를 취할 수 있는 것은 논문이 발표된 후라야 한다는 것이었다(이 진술은 전적으로 옳은 말이라고는 할 수 없다. 부정행위 의혹이 제기된 결과 발표 이전에 원고가 차압된 경우가 수많이 있기 때문이다).

매사추세츠종합병원 연구부장인 라몬트 하버스(Lamont Havers) 박사는 같은 소위원에서의 증언에서 다음과 같이 언급했다.

설령, 롱의 결과가 다른 연구자들에 의해 확인되고, 따라서 그의 결론이 정당하다고 인정되었다 할지라도 그가 그러한 결론을 도출한 데이터가 부정하게 조작된 것이었다는 사실의 윤리적 문제는 남을 것이다.

사건의 해명으로 1978년 5월에 실시된 실험에서의 부정에 관해서는 롱의 잘못이라는 것이 명백하게 밝혀졌다. 세포주의 신원에 관해서는 롱에 대한 비판의 고삐를 늦추지 않을 수 없었다. 판단상의 과오와 필시 끝까지 지켜보지 않은데서 유래되는 의도적이지 않은 허위가 있었던 점도 생각할 수 있기 때문이다. 만약 롱의 부정행위가 동료인 퀘이에 의해 발견되지 않았다면 롱의 연구 대상이었던 세포주의 신원에 얽힌 전말은 전혀 다른 방향으로 다루어져 결국은 단순한 과실로 처리되었을 것이다. 요컨대 세포주를 연구하고 있는 사람은 누구나 그 세포주가 오염되지 않았다고 절대 확실하게 단언할 수 없는 어려움을 충분히 이해하고 있다.

롱의 사건 조사를 통해 놀라운 점은 롱의 부정행위를 보도한 어느 출판물도 부정이 자행된 해당 논문에 이름을 올린 공동 연구자들에 대해서는 아무런 언급도 하지 않은 사실이었다. 만약 어떤 사람이 그 이름(공동 집필자로서)을 논문에 실었다면 그 사람도 어떤 부정행위의 파트너로 간주되지 않을 수 없는 것이 상식일 것이다. 보도기관에 의한 조사는 이 점을 고려해야 했음에도 불구하고 실제는 그러하지 못했다. 『국립암연구소저널』의 논문 공저자들에 관해서는 롱을 포함해 모든 사람이 편집자에 대해 사실상의 연명 취소를 요청하고 있다. 매사추세츠 종합병원을 떠난 후 롱은 임상의로 돌아왔다. 임상연구와는 개별 기초연구에 종사하고 있는 과학자들은 대체로 일반 사람들(예컨대 환자들)과의 직업적 접촉을 갖지 못하는 수도 있어 윤리적 원칙이나 성실성을 희생하고서까지 가까운 길로 나가 결과를 소속히 얻으려고 하는 유혹에는 임상에 종사하는 동업자보다도 빠져들기 어려울 것이라고 생각하기 쉽다.

인간이 본래 간직하고 있는 성격에 따라, 즉 야심과 권력욕과 명성과 돈에 휘둘리면서 과학의 정신이 짓밟히고 있는 경우도 있을 수 있다. 이리하여 임상연구뿐만 아니라 기초연구에서도 날조된 실험과 부정 조작된 결과가 흔히 발견된다.

발표한 것이 곧 운의 종말

1975년 인도 태생의 비제이 소만(Vijay Soman) 박사는 예일대학교 의학부 내분비학 교수인 필립 펠리그(Philip Felig) 박사의 연구실 특별 연구원이 되었다. 그 연구실에서 소만은 인슐린 대사의 연구에 종사했다. 그리고 1977년에 그는 예일대학교의 준교수로 취임했다.

1980년 2월, 소만은 허위 데이터를 사용한데다 펠리그와 공저로 투고한 논문이 표절이었다는 고발과 관련해 감사관의 조사를 받는 신세가 되었다. 이때의 감사관은 보스턴의 베스 이스라엘병원 당뇨병대사 부문 주임인 제프리 플라이어(Jeffrey Flier) 박사였다.

무엇이 이 고발의 근거가 되었는가 사안의 단서는 1년 전의 일로서, 국립보건원의 내분비학자인 헬레나 로드바드(Helena Wachslicht Rod-bard) 박사가 그녀의 지도자인 제시 로스(Jesse Roth) 박사에 대해 소만과 펠리그에 의한 신경성 식욕부진증(청년기에 식욕이 아주 없어지는 것을 특징으로 하는 신경증적 상태)에서의 인슐린 결합에 관한 논문에서 그들은 그녀의 연구를 표절했다고 호소함으로써 발생했다. 소만과 펠리그가 『미국의사회잡지(JAMA)』에 투고한 이 논문은 사독(查讀)을 위해 로스에게 보내왔다. 그는 그것을 로드바드 박사에게 돌리고, 그녀가 원고를 읽는 과정에서 원고에 나오는 적어도 60어는 그녀가 로스와 공저로 『뉴잉글랜드의학지』에 1978년 11월에 투고한 그녀 자신의 원고의 유사한 부분에서 복제했음을 발견했다. 그녀의 원고 편집자인 아놀드 렐만(Arnold Relman)에 의해 "심사원 간에 의견이 갈렸기 때문에 반송되어 왔었다. 로드바드 박사는 기절할 정도로 놀랐다. 그도 그럴 것이 소만과 펠리그와는 자기들의 원고를 『미국의사회잡지』 앞으로 보내기 전에 『뉴잉글랜드의학지』의 편집자를 통해 그녀의 원고를 읽었을 뿐만 아니라 두 사람은 그녀의 원고를 게재하지 말도록 렐만에게 의견을 제시한 사독자이기도 했으리라는 추측이 너무나 맞아떨어졌기 때문이다.

문제의 논문은 신경성 식욕부진증 환자의 혈중에서 인슐린이 단핵구와 결합하는 문제와 회복 진행이 진전됨과 동시에 이 결합이 어떻게 변화해 나가는가를 다룬 것이었다. 그녀의 논문이 채택되지 못한 사정을 로스가 문의했기 때문에 렐만은 앞서 사독 때문에 송부한 펠리그에게 설명을 요구했다. 펠리그는 매우 비슷한 과제를 소만과 같이 연구하고 있었지만 자신이 사독자로서의 역할을 사양할 필요는 없다고 생각했던 것이다. 결국 사독자로는 판단을 구하는 연구 과제의 전문가(expert)에게 의뢰한다고 할 수 있는 렐만은 로드바드를 통해 소만과 펠리그가 그녀와 같은 문제를 다룬 원고를 투고했다는 것을 알았을 때, 펠리그를 불러 그가 관여한 사실의 설명을 요구했다. 소년 시절에 펠리그의 친구였던 로스도 같은 요구를 했다. 펠리그는 두 질문자에게 자기들의 연구는 로드바드의 연구와는 달리 절대 독립적으로 한 것이

필립 펠리그

라고 단언했으나 로스로부터 두 원고의 동일한 부분을 지적받자 적절하게 수정하는 데 동의했다. 그는 또 로드바드의 논문이 출판되기 전에는 소만과 공저한 자신의 논문을 발표하지 않는다는 데에도 동의했다.

로스는 이 조정에 동의했지만 이것이 은폐 공작에 지나지 않는다고 생각한 로드바드는 1979년 3월 예일대학교 의학부장인 로버트 벌리너(Robert W. Berliner) 박사에게 서면으로 소만과 펠리그의 표절을 제소했다. 동시에 그녀는 소만과 펠리그의 논문 중의

데이터는 있을 수도 없는 것이라고 진술하고 있다. 그 이유의 첫째는, 그들이 그 논문에서 식욕부진기에는 월경이 없는 무식욕증의 여성도 체중 증가와 함께 월경이 다시 시작된다(이 점은 그녀가 아는 한 사실에 반하는 것이었다)고 주장하고 있기 때문이었다. 두 번째로 그녀는 인슐린 결합의 데이터가 이상곡선(통계학적으로 있을 수도 없는 사실)에 너무나도 가까운 사실을 들고 있다. 요컨대 그녀는 그 데이터에는 부정이 있다고 주장한 것이다.

펠리그가 소만과 얼굴을 맞대고 추구한 결과 소만은 로드바드의 원고를 복제해 거기서 몇 곳의 기술을 옮겨 쓴 사실을 시인했다. 소만은 또 자신의 데이터를 계산하기 위해 그녀의 방정식을 사용한 사실도 고백했다.

펠리그는 과학 윤리에 대한 이와 같은 중대한 침해에 관해 소만을 징계했지만 그래도 계속 소만은 신뢰할 만한 사내라고 믿고 있었다.

로드바드의 어려운 사정을 접수한 벌리너 박사는 펠리그에게 그가 논문에서 사용한 데이터가 진실한 것임을 증명하도록 요구했다. 소만은 펠리그에게 연구 중에 수집한 평균 데이터뿐만 아니라 연구 대상으로 한 환자 6명의 리스트까지도 제시했다. 이것으로 펠리그는 만족한 것으로 보였으며, 그는 벌리너에게 소만의 연구는 원고에서 보고되고 있는 바와 같이 이루어진 것이라고 통지했다. 벌리너는 이 통지를 로스와 로드바드에게 전했지만 그녀는 이 설명에 승복하지 않고, 만약 이 문제가 철저하게 규명되지 않는다면 미국임상과학연합의 차기 총회에서 자신이 소만과 펠리그를 공개 비난할 것이라고 로스에게 통고했다. 이와 같은 사태에 직면하자 펠리그와 로스는 감독관의 조언을 듣자는 데에 의견의 일치를 보였다. 하지만 유감스럽게도 선정된 감사관이 조사에 착수하지도 않은 채 8개월이란 시일이 허무하게 훌쩍 지나갔다.

문제가 매듭을 짓기까지는 발표하지 않는다는 펠리그의 약속에도 불구하고 소만과 펠리그 건의 논문은 1980년 1월에 출판되었다.

로드바드는 격앙해 로스에게 즉시 선처하도록 요구했다. 이렇게 되어 새로운 감사관으로 플라이어가 선정되었다. 그는 예일로 가서 소만을 만나 그 데이터를 정사(精査)했다. 그에게 제시된 환자의 기록은 논문에 기재되어 있는 6명의 환자 중 5명뿐이었으며, 환자들은 모두 신경성 식욕부진증이었다. 인슐린 결합의 데이터에 관해 질문을 받자 소만이 작성해 제시한 것은 각 환자의 생실험 수치를 적은 종이쪽지뿐이었다. 환자 개개인에 대해 작성되었어야 할 그래프에 관해 질문을 받자 그는 다음과 같이 대답했다고 보고되어 있다.

"그게……그러니까 우리는 개개인의 그래프는 1년 후에 버렸습니다. 보관할 장소가 없었기 때문에." 이어서 플라이어는 그 생실험 수치를 조사해 그것들이 발표 논문에 제시된 데이터와 상관되지 않는 사실을 발견했다. 논문 중의 멋진 합성곡선이 내가 조사했던 데이터에서 도출되리라고는 생각지도 못했다(『뉴욕타임스 매거진』, 1981년 11월 1일호, 42페이지의 헌트(M. Hunt)의 기사에서 인용).

플라이어가 소만이 제시한 데이터와 논문 중의 데이터가 일치하지 않는 증거를 제시하자 소만은 부정을 시인하고, 기금의 우선권을 얻기 위해 될 수 있는 한 신속히 발표하도록 압력을 받고 있었다고 해명했다. 플라이어 박사는 이 당시의 대면에 관해 다음과 같이 언급하고 있다.

이 연구실에서도 과거 데이터를 다소 속인 적이 있었으므로 그(소만)는 자신의 한 건도 그의 생각으로는 다른 곳에서 일상적으로 저질러지고 있는 것과 크게 다르지 않다고 느끼는 것 같았다.

1980년 2월 12일 플라이어는 펠리그에게 소만이 데이터를 손질한 사실을 통지했다. 펠리그는 벌리너와 협의한 결과 두 사람이 내과학 강좌 주임인 새뮤얼 시어(Samuel Osiah Thier)에게 사안의 전말을 보고했다. 시어가 소만을 면접하자 소만은 데이터를 날조한 사실을 시인했다. 그는 예일을 떠나라는 권고를 받고 4월에는 미국을 떠나 그의 조국인 인도의 부나로 돌아갔다.

펠리그와 벌리너와 시어는 이전에 그 연구실에서 발표된 것에서 소만이 그 데이터를 수집한 다른 14편의 논문에도 거짓이 있었는지 여부를 조사하기 위해 소만이 작성한 모든 기록을 압수했다. 콜로라도대학교의 내분비학자인 제럴드 올레프스키(Jerald Olefsky) 박사에게 생데이터와 논문을 검토하도록 요청했다.

올레프스키가 그 기록들을 조사한 결과 발표된 결론의 대부분은 질적으로는 문제가 없었지만 의혹의 여지가 없었던 것은 결국 정사된 14편의 논문 중에서 2편뿐이었다. 나머지는 날조된 데이터를 포함하고 있거나 증거가 될 데이터가 사라졌기 때문에 그 해석에는 의문이 있거나 하는 것들이었다. 5월과 6월에 펠리그는 이들 12편의 의심스러운 논문을 철회했다. 이 12편 중 8편에 그는 공저자로 이름을 올렸었다.

소만의 속임수가 발각된 것은 펠리그에게 매우 사정이 어려운 시기였다. 그는 컬럼비아대학교 의학부의 새뮤얼 버드 기념 교수 겸 내과 강좌 주임이라는 직위의 유력한 후보자로 지목되어 있었다. 1980년 5월 펠리그는 임박한 취임과 관련해 컬럼비아대학교 의학부의 상부 고문단 사람들을 만나기 위해 초빙되었다. 그 회합에 대해 『뉴욕타임스』의 모튼 헌트(Morton Hunt)는 다음과 같이 쓰고 있다.

그때 출석한 고문단의 면면은 후에 질문에 답해 펠리그로부터 표절사건에 대해서도, 또 플라이어가 3시간 만에 발견한 것을 펠리그는 1년 동안이나 알아차리지 못한 사실에 대해서도 그들은 아무것도 들은 것이 없었다고 증인했다(『뉴욕타임스 매거진』, 1981년 11월 1일호).

펠리그는 6월 컬럼비아에서 새로운 직무에 취임했다. 1980년 7월 말에 펠리그는 컬럼비아대학교 의학부장에게 소만 사건과 관련된 모든 문서를 제출했다. 6명의 상급 교수회 멤버로 구성된 위원회는 그 문제에 관해 4일간 논의한 결과 '직무 태만은 아닐지라도 판단력이 없었다'는 것을 이유로 펠리그에게 사직을 권고해 다음과 같은 결정을 내렸다.

서간에 의해 폭로된 다수의 사건과 이들 사건에 관해 심문을 받았을 때의 펠리그의 태도는 그 윤리적 둔감성과 과학 연구에 허용될 수 없는 기준을 채택하고 있었음을 반영하는 것이라고 당 위원회는 결론지을 수 없다(E. Altman).(『뉴욕타임스』, 1980년 8월 9일자, B660페이지).

매우 유감스럽기는 하지만 위원화는 펠리그가 컬럼비아대학교의 교수직과 기타 직위에 머물러서는 안 된다는 결론을 내렸다. 8월 5일부로 펠리그는 사직했다.

이 사건은 어떻게 종말을 고했던 것일까. 로드바드 박사는 NIH로부터도 연구생활에서 물러나 개업의가 되었다. 그리고 펠리그 박사는 1980년 11월에 예일대학교의 종신교수에 다시 채용되었다. 그로부터 4개월 후인 1981년 3월에 펠리그는 미합중국 하원의 과학기술위원회에서의 조사감시소위원회에 모습을 보였다. 앨버트 고어 주니어(Albert Gore, Jr.)를 의장으로 하는 그 소위원회는 생물학·의학 연구에서의 기만의 조사를 전문으로 했다.

펠리그는 이 소위원회에서 소만의 데이터에 관해 자신은 몇 가지 잘못된 판단을 했다고 증언했다. 첫째로 그는 환자의 진료 기록(karte)

에는 상관하지 않아 소만의 환자 리스트를 그대로 인정했었다. 두 번째로, 그는 내부에서 감사하지 않은 채 외부로부터의 감사관을 8개월 동안 그저 기다리고 있었다. 세 번째로, 그는 고발된 속임수의 해결을 기다리지 않고 논문을 발표했다.

이러한 그릇된 판단을 내리게 된 이유를 분석해 펠리그는 연구실의 사정을 진술했다. 연구실에 따라서 선배 과학자는 젊은 동료가 수집한 원래의 데이터 모두를 살펴본다. 그 한편에서 선배 과학자가 연구 과정의 기본 노선에 대해 전반적 토의에 간섭하는 것에 제한을 두고 있는 연구실도 있다. 선배 과학자가 정통하지 못한 새로운 테그닉을 젊은 과학자가 구사하는 경우에는 미묘한 상황이 전개된다. 그러한 경우에 선배 과학자는 그 새로운 테그닉의 가능성과 한계를 적정하게 판단할 수 있기 위해 그 테크닉을 배워 익히거나 혹은 그 대신에 공저 논문에 자신의 이름을 첨가할 때는 그 후배를 신뢰하지 않을 수 없거나 하는 두 가지뿐이다.

선배 과학자가 어떤 연구과제에 대해 별로 잘 알지 못할 경우 그들은 후배 과학자의 원래의 데이터를 살필 때 충분히 주의를 기울여야 하며, 그도 아니라면 그 논문에 자신의 이름을 연명해서는 안 되는 것이다. 또 펠리그는 파트너가 성실하다는 상정 아래 "상호의 신뢰를 기초로 하는 연구자 간의 관계 없이는 성립되지 않는 것이 공동 연구"라고 강조했었다.

데이터의 부정 조작에 대해 최종적인 책임을 지는 것은 그 연구기관의 선배 과학자와 위에 있는 관리직의 역할이 아니면 안 된다. 당해 과학 공동체가 새로운 데이터를 무시하거나 그것이 입증되는 것을 기대해 관여하고 있는 이상 이 책임은 과학자 공동체 전체에도 있는 것이다.

소위원회에서의 증언을 매듭지을 때 확실히 대부분의 과학자는 장시간 연구에 몰두하고 연구직이 아닌 사람들이 향유하는 여가와 경제적 이익까지도 포기하고 있다. 하지만 펠리그는 다음과 같이 생각하고 있었다.

연구자에 따라서는 성공하고자 하는 욕망이 직업 윤리의 제반 원칙에 선행하고 있지는 않은가.…… 연구 데이터를 사용할 것인가 해석하라고 내부에서 촉구하는 것(즉 발표하라는 압박)은 결코 학문을 발전시키는 시스템이 아니라는 것이 나의 신조이다. 데이터의 오용과 해석이 이루어졌다고 하면 그것은 과학 시스템에 대한 개인 쪽의 불행한 반응인 것이다. 당연히 선배 과학자는 젊은 동료 연구자가 현실적인 혹은 알아차릴 만한 압박을 받지 않도록 그 내지 그녀의 행동을 정면에서 끊임없이 주의깊게 지켜보아야 할 것이다.

필시 펠리그의 최후의 말은 『뉴잉글랜드의학지』의 레니(D. Rennie) 박사에게 한 말일 것이다. 그 어떠한 사정이 있을지라도 표절을 정당화하는 것은 아무것도 없다고 박사는 쓰고 있다.

과학의 압박에 대한 이와 같은 일체의 쓸데없는 말투는 실없는 말에 불과하다. 과학자가 받고 있는 압력은 탄광부나 잠수부나 그 이외의 세상 사람들 모두가 받고 있는 압력 이상의 것도 그 이하의 것도 아닌 것이다.

에이즈를 둘러싼 다툼

에이즈 전쟁에서의 과학적 진리는 가장 먼저 죽은 사람에게 있다. 최첨단의 연구를 하고 있는 두 그룹의 팀이 작금 2년간 에이즈 바이러스의 우선권을 놓고 법정에서 다투어 왔다. 이와 관련해 윤리 문제가 발생하고 있다.

에이즈가 치명적 감염중이라는 사실이 판명되고 얼마 지나지 않아 병원체가 발견되었다. 이 발견으로부터 1년도 지나지 않아, 이 병의 감염자 진단시험이 가능하게 되고, 혈액은행은 오염된 혈액과 혈액 제제를 식별할 수 있게 되었다. 병원체의 발견은 곧 백신과 항바이러스제 개발의 길도 열었다.

매우 중요한 이 발견과 관련해 발생한 커다란 원리 문제는 두 연구 그룹이 우선권을 주장하는 데서 비롯되었다. 그 한쪽은 파리의 파스퇴르연구소의 뤽 몽타니에(Lue Montagnier)가 이끄는 그룹이고, 다른 한쪽은 메릴랜드 주에 소재한 베데스다 국립암연구소(NCI)의 로버트 갤로(Robert Gallo)와 그의 동료들이다.

몽타니에와 프랑수아 바레 시누시(Françoise Barré-Sinoussi), 장 클로드 셔만(Jean Claude Chermann)과 기타 9명의 동료가 파리의 브티 사르페트리에르병원에서 동성애 환자의 림프절에서 바이러스를 분리했다. 이 림프 세포를 배양하는 중에 바이러스가 존재하는 최초의 징후, 즉 레트로바이러스(retrovirus)에 의한 감염임을 나타내는 효소, 역전사효소(逆轉寫酵素, reverse transcriptase)가 나타났다. 이 효소는 1983년 1월 23일에 확인되었지만 바이러스의 실상을 전자현미경으로 포착할 때까지는 약간의 시간을 더 필요로 했다. 프랑스 그룹은 『사이언스』지에 다발성 핌프선증의 동성애 환자 림프선에서 희귀한 레트로바이러스를 분리하고, 이 바이러스는 사람의 T세포성 백혈병 바이러스(HTLV) 계통에 속했다고 보고했었다. 따라서 프랑스 사람들은 갤로와 공동 연구자가 사람의 레트로바이러스 HTLV$_1$과 HTLV$_2$를 1년 전에 발견했던 사실을 알고 있었던 것이 된다. 사실 몽타니에는 비교하기 위해 갤로에게 바이러스와 그 항체를 요청했었다. 얼마 지나지 않아 그들이 분리한 바이러스는 HTLV$_1$ 및 HTLV$_2$와 혈청학적으로나 현미경을 통해서나 다르다는 것을 발견했다. 그들은 "이 바이러스(즉, 파리에서 분리된 것)는 앞서 분리한 HTLV와 마찬가지로 T림프선증의 바이러스 계통에 속하는 것으로, 사람 사이에서 수평 감염하며 에이즈를 포함한 몇 가지 위독한 증상과 관련될 가능성이 있다는 결론에 이르렀다"고 진술했다.

『사이언스』의 같은 호에는 따로 3편의 에이즈 바이러스의 분리를 전한 논문이 게재되었다. 그중의 2편이 갤로 그룹에 의한 것이었고, 또한 편은 마이런 에섹스(Myron Essex)에 의한 것이었다. 이 논문에서 갤로와 에섹스는 에이즈를 HTLV1과 결부시키고 있었다.

공교롭게도 몽타니에의 발견이 갖는 진정한 중요성을 『사이언스』의 편집부는 전혀 깨닫지 못했다. 오히려 후에 잘못되었던 사실이 판명되는 갤로와 에섹스의 주장을 지지했었다. 1983년 여름, 몽타니에는 그의 바이러스의 특성을 더욱 명확하게 하여 그것이 HTLV와 다르다는 사실을 제시하고, 이 바이러스를 림프선증 관련 바이러스(LAV)라 부르기로 결정하고 이 1주(株)를 프랑스국립배양수집관에 납품했다. 9월까지 프랑스 그룹은 환자의 LAV 존재와 에이즈 발병과의 관계를 나타내는 진단용 테스트를 발전시키는 데 노력했다. 9월 15일, 그들은 이 테스트에 대해 영국의 특허를 신청했다.

9월에 콜드 스프링 하버(Cold Spring Harbor)에서 사람의 T세포성 백혈병에 대한 회의가 열렸다. 거기서 몽타니에는 갤로와 그의 동료인 미쿨라스 포포빅(Mikulas Popovic)에게 프랑스 주를 넘기고 프랑스의 분리주는 연구에만 쓰고 상업적인 개발에는 사용하지 않는다는 계약을 맺어 서명을 했다. 이 회의에서 몽타니에는 LAV의 항체가 림프선 종양이 있는 동성애 환자의 63%에서 존재하지만 건강한 사람의 경우에는 1.9%라는 것을 보고했다.

그 무렵 프랑스 그룹은 림프 세포의 배양기에 신선한 T림프구를 늘

보충해 바이러스가 잘 증식하도록 노력했다. 바이러스는 다른 형의 세포에서는 자라지 않았다. 1984년 5월이 되어 가까스로 몽타니에는 바이러스를 대량 증식시킬 수 있도록 림프아세포(lymphoblast)의 세포계를 형질 변환한 EBV를 발견했다.

1983년 가을에는 갤로와 포포빅이 에이즈 바이러스의 아메리카 주를 성숙한 T세포계에서 생육시킴으로써 분리했다.

하지만 분리시키는 데 사용한 재료는 10명의 에이즈 환자로부터 모은 혈청이었다. 1984년 5월 11호의 『사이언스』에 게재된 갤로의 이 소견에 대한 보고에서는 에이즈와 HTLV$_1$이 관계가 있다는 것을 확신하고 있었다. 그러나 『사이언스』에 발표하기 직전인 1984년 4월에 갤로와 보건복지부(국립암연구소[NCI]를 매개로 갤로를 채용함)는 에이즈 바이러스의 발견을 선언하고, 갤로의 연구실에서 개발한 진단용 테스트의 특허를 등록했다. 이때 발표한 바이러스는 HTLV$_3$이라 명명하고, 자세한 내용은 1984년 5월 4일호의 『사이언스』에 게재되었다. 세간에서는 갤로가 에이즈 바이러스의 발견자로 알려지고, 몽타니에와 그 공동 연구자는 무시되었다.

갤로가 분리한 것은 HTLV$_3$이라 명명함으로써 이 바이러스를 그가 앞서 발견한 HTLV$_1$나 HTLV$_2$와 같은 계통에 속하는 것과 분류했다. 지금에 이르러서 에이즈 바이러스는 HTLV계에는 속하지 않는, 동물의 지연 감염과 관계가 있는 렌티바이러스(lentivirus)라는 것임을 알게 되었다. 사실 그 이름은 오늘날에는 (갤로와 에섹스는 인정하지 않고 있지만) HTLV(인간면역 결손 바이러스)로 되어 있다.

참으로 흥미로운 사실은, 프랑스와 미국의 바이러스 분리체 분자구조가 거의 동시에 결정되고, 발표된 점이다(『셀(Cell)』, 1985년 1월 21호와 『네이처(Nature)』, 1985년 1월 14일호). 그것은 지극히 비슷한 것(1.8%만 다를 뿐이다)이었으나 그 후에 분리된 바이러스에서는 조금 더 차가

벌어졌다(10~20%). 이 값이 너무나 비슷함으로 인해 파리에서 미국의 바이러스(1983년 12월에 분리되어 1984년 5월에 보고되었다)는 본래는 LAV주(아마도 배양 때 오염된 것)였을 가능성이 있다는 의혹이 발생했다. 그래서 1985년 12월, 파스퇴르연구소의 변호사가 미국에서 손해 배상 소송을 제기해 첫째, 갤로의 연구실과 NCI가 시판하는 혈청 테스트에 LAV를 사용하지 않는다는 파스퇴르연구소와의 계약을 파기한 점, 둘째, 진단용 테스트의 특허는 프랑스 그룹에만 부여해야 한다는 것을 제소했다. 이 법정 논쟁은 거의 15개월간 이어졌다. 결말은 1987년 3월 말에 지어졌는데, 그 내용은 각 연구소(프랑스와 미국의)는 문제의 진단용 테스트의 수익에서 특허료 20%를 받는다는 것이었다.

공식적으로 이 사건은 이렇게 해결된 셈이다. 하지만 사소한 과오로 인해 그렇게는 되지 않았다. 즉, 1984년 5월에 갤로가 외르그 슈프바하(Jorg Schuepbach)와 공저로 보고한 논문에 HTLV$_1$과 2와 3의 세 바이러스의 합성 사진이 나와 있었다. 슈프바하는 그로부터 2년 후의 『사이언스』(1986년 5월 8일호)에 그 사진의 일부인 HTLV$_3$이 LAV였던 것을 기술했다. 그래서 프랑스의 변호사는 정보공개법을 이용해 프레드릭암센터의 전자현미경연구실의 매슈 곤다(Matthew Gonda)로부터 갤로의 공동 연구자인 포포빅에게 보낸 편지를 입수했다. 이 편지에는 에이즈 바이러스가 들어 있을 가능성이 있는 33예의 혈청분석 결과가 기재되어 있었다. 곤다는 에이스 바이러스의 증거(활성력이 있는 렌티바이러스 감염증)를 프랑스 분리체인 사실을 표시하는 'HVT78/ LAV와 T17.4LAV'의 라벨이 붙어 있는 샘플 6과 7에만 발견되었다고 보고했었다. 불행하게도 프랑스의 변호사가 치음에 입수한 같은 편지의 카피에는 이 정보의 긴요한 부분을 기록한 2행이 삭제되어 있었다. 따라 이 두 그룹(및 정부) 간에는 매듭이 지어졌지만 에이즈 바이러스의 발견자가 누구인지는 아직 알 수 없게 되었다. 게다가 여기에는 윤리상의 문제가 남아 있었다.

첫째, 미국의 특허국은 왜 1985년 5월에 갤로와 NCI에 진단용 테스트의 특허를 주었느냐 하는 점이다. 즉, 1985년 2월에 몽타니에가 특허 신청을 했음에도 불구하고, 1984년 4월에 신청을 제출한 갤로와 NCI에 특허를 부여했는가.

둘째, 슈프바하가 말한 것처럼 LAV의 사진을 HTLV$_3$으로 한 것은 단순 실수에 지나지 않았는가.

셋째, 결정적인 전자현미경 사진이 된 HTLA 사진의 바탕이 되었던 재료에 관해 쓴 곤다가 포포빅에게 보낸 편지의 긴요한 부분을 누가 삭제했는가. 왜 삭제를 했는가.

넷째, 케임브리지의 에이브러햄 카파스(Abraham Karpas)에 의한 에이즈 바이러스 분리는 왜 무시되었는가(『분자생물학과 의학』, 1983년 권 457호).

마크 포날(Marc Pownall)은 『인터내셔널 래버러터리(*International Laboratory*)』(1987년 6월호)에 다음과 같이 쓰고 있다.

세계를 통틀어 몇천 명에 이르는 사람이 에이즈로 죽어간다고 하는데 최첨단을 걷는 연구자가 수백만 달러를 넘는 특허료의 권리를 둘러싼 다툼에 변호사를 사서 시간을 까먹고 있다…… 바라건대 신성한 것이 이기고, 다툼이 끝나기를.

미국 국립암연구소와 치료약

1981년 가을 『워싱턴포스트』(10월 18일자 및 11월 4일자)는 국립암연구소(NCI)가 치험(治驗) 항암제를 인체에 시용(試用)했으며, 그 스폰서가 되어 있다고 NCI를 공격하는 기사를 연재했다. 그 기사는 600명에 이르는 간호사, 의사, 환자, 연구자와의 인터뷰를 근거로 했다고 한다. 과거 10년간에 국한해도 약 150종의 치험약이 몇만 명에 이르는 암환자에게 투여되고 있었던 것이다. 동지(同紙)의 비판은 또 인가되지도 않은 유독한 약물을 말기암 환자에게 투여했으며, 그 투여량은 안전역을 크게 초과했다는 FDA 조사관의 소견도 근거로 삼고 있었다. 이 고발의 후폭풍으로 이 사건은 드디어 합중국 하원의 과학기술위원회 조사감시소위원회에서 다루어지게 되었다(1981년 4월 1일에 개회).

이 청문회에서 논의된 사례의 하나가 1978년에 암환자인 소아에게 항암제 메틸-CCNW를 사용한 예였다. FDA 대표는 청문회 석상에서 NCI는 그 약물이 개와 원숭이에서 신장해를 야기했었다는 사실을 나타내는 정보를 1970년에는 내부 기록과 간행물 형태로 가지고 있었음에도 불구하고 발표하지 않았던 사실을 진술했다. 또 FDA 대표는 이 정보가 의사들에게 충분히 알려지지 않았기 때문에 암 치료를 받았던 약 20명의 소아에게 신장해를 초래했다고도 진술했다.

AMSA, F3TR, 네오칼디노스타틴(neocaldinostatine), 미독산트론, 피페라디네디온, 헥사민(hexamine), 5-아자사이디신, 에스트라디올(estradiol), 마스터드, 아드리안마이신(adrinmycin), 니트로조우레아(nitrosourea), 클로르조토신(chlorzotocin), 메이덴신 등의 다른 치료약에도 이것과 유사한 비판의 공격이 가해졌다. 이들 약물은 모두 오심·구토·정신 착란 등의 부작용을 동반하며 경우에 따라서는 심장과 폐에도 장해를 초래하는 것으로 알려져 있다.

이와 같은 사례에서 NCI를 비윤리적인 행위로 고발할 수 있는 유일하고 확실한 근거는, 이들 약물의 투여가 아니라 부작용에 대한 정보가 약물을 임상시험하는 의사와 환자들에게만 감추어져 있었던 사실이다. 이와 같은 고발은 입증되었던 것일까.

상원 청문회 자리에서 당시의 NCI 소장인 빈센트 드 비타(Vincent de Vita)는 현실적인 전망에 입각해서 이 문제에 대처했다. 그가 지적한 바에 의하면 해마다 4만 명에 이르는 사람들(암 환자 전체의 약 6%)이 화학요법에 의해 치유되고 있다. 따라서 만약 어떤 해에 1,000 예의 약물로 인한 사망자가 있었다고 하면 그것이 다른 몇만 명의 암 환자 치료에 대한 대가였던 셈이 된다. 그때 필요했던 것은 어떤 약물이 그 인체 테스트를 정당화할 만큼 유망한 것으로 간주되는 조건, 및 그 약물이 독성을 가진 때문에 배제되어야 할 것으로 간주되는 조건을 결정하는 것이었다. 바꾸어 말하면 실제 위험과 이익의 비율이 결정되지 않으면 안 되었던 것이다.

암의 예후가 절망적이어서 의사도 환자도 확실히 예상되는 결과가 고통·번민·죽음뿐이라는 것을 알고 있을 때에는 약물이 가지는 부작용도 포함해 좀 더 높은 수준의 위험을 자진해서 받아들이는 각오가 의사는 물론 환자에게도 있는 것은 기억에 새겨두지 않으면 안 된다. '환자들로서는 물에 빠진 사람이 지푸라기라도 잡는 심정이어서, 암을 치료해 줄, 혹은 최소한 자신들의 사기(死期)를 지연시켜 줄 수 있는 것이라면 무엇이든 자진해서 시용(試用)해 보려고 한다(『워싱턴포스트』, 1981년 10월 18일자 A14페이지의 겁[Gup]과 노이만[Neumann]의 기사에서).

드 비타가 말하는 바에 의하면, 1971년 이래 연구되고 있는 150종의 치료약 중에서 철저하게 테스트된 것은 21종에 불과했다. 1979년에는 그중의 8종이 NCI에 의해 "고도로 우선되어야 할 약물"로 추천되었다. 드 비타가 제시한 1980년의 데이터는 다음과 같다.

중증 암환자 78만 5천 명 중에서 45%는 치료 가능성이 있다―그 내역은 외과 및 방사선적 치료에 의하는 사람이 22만 명 그리고 이들 신약을 사용한 화학요법에 의하는 사람이 4만 6천 명이었다.

미국 식품의약국(FDA)이 그 간행물과 상원 청문회에서 표명한 비판으로 NCI는 FDA와 공동의 치료약 대책본부를 설치하지 않을 수 없게 되었다. 이 사업단의 단장이 된 사람은 로웰 하미손(Lowell T. Harmison)이었다. NIC와 FDA의 대표뿐만 아니라 공중보건 관계자 13명까지 그 구성 멤버가 되었다. 이 대책본부는 치험약 문제를 3개월간 연구하고, 1982년 1월에는 널리 진행되고 있는 치험약 임상시험의 절차를 검토한 보고서를 발표해 장래를 위한 구체적인 권고를 했다. 68곳에 이르는 연구센터와 대학에서 검사된 약 70종의 피시험약이 대책본부에 의해 다시 심사를 받았다.

1975년부터 1980년에 걸쳐 이들 약물 중에서 8종이 림프종과 폐, 흉부, 결장의 암은 물론 흑색종(melanoma)과 백혈병 등 수많은 종양에 시용되었다. 그 보고는 다음과 같이 기술하고 있다.

본 대책본부는 수많은 예에 주목했다. 그 결과 연구자와 관리자, 혹은 그 어느 한쪽이 NCI의 약품 개발계획에 따라 그 책임을 이행하기에 부적절한 행위를 했다고 단언한다.

대책본부는 이와 같은 예 두 가지, 즉 메틸-CCNU와 5-메틸 테트라하이트로호모포레이트(THHF)의 예를 정사(精査)했다. 메틸-CCNU는 1960년대 후반에 NCI의 연구자에 의해 개발되었다. 그 전단계의 연구에서 이 약제는 양호한 항암작용을 하는 한편, 원숭이와 개에게 급성 신부전증을 일으킨다는 사실도 밝혀졌다. 이 정보는 연구자에게 배포된 팸플릿에 기재되어 있었다. 1972년까지 독성 연구(단계 I)가 인간을 대상으로 시행되었지만 신독성(腎毒性)은 관찰되지 않았다. 마찬가지로 그에 이은 4년간에 걸친 치료 효과 연구(단계 II)에서도 신장해(腎障害)는 보고되지 않았다. NCI는 이와 같은 연구에 바탕해, 메틸

-CCNU를 널리 배포하기로 했던 것이다.

이 약을 17개월간 복용한 5세의 어린이에 대한 신장해 첫 보고가 NCI에 전달된 것은 1977년 8월이 되어서였다. 이어서 1978년에 몇 예가 보고되었다. NCI에서 이 약의 임상시험 실시 책임자 전원에게 알리자 새로이 2~3의 예에서 신독성이 인정되었다. NCI의 약물부작용위원회는 1979년 11월에 메틸-CCNU가 신부전에 관계되고 있는 것은 사실이란 결론을 내리고 모든 임상시험 실시 책임자(2,020명)에게 이 소견을 고려해 새로이 증례가 있으며 보고하라고 권고했다.

이리하여 보도기관과 상원 청문회에 의해 메틸-CCNU의 신독성에 대한 지견은 1970년에 이미 명백하게 밝혀졌음에도 불구하고 NCI가 감추고 있었다는 고발은 신약조사사업단의 조사에 의해 덮여졌던 것이다. 그러나 그동안의 손실도 엄청났다. NCI에 대해 대중이 간직하고 있던 신뢰가 무너진 것이다.

THHF에 관해 살펴보면 이 약은 동물실험을 위해 1978년에 M. D. 앤더슨병원의 한 의사에게 전달되었다. 병원조사위원회는 그와 같은 연구를 허가하지 않았음에도 불구하고 1980년에 그 실시 책임자와 동료가 그 약을 인간 환자에게 사용해 약리학적 연구를 했다. 1981년 봄, 연구 책임자가 그 약의 연구 결과를 회합에서 발표한다는 통보가 NCI와 FDA에 전달되었으므로 특별반을 현장에 파견했다.

특별반은 그 약이 실제로 환자에게 사용된 사실을 확인하고, 인체 테스트 계약의 해소, 이미 일련의 연구에 사용해 버린 연방기금의 반환, 원래 절차의 개정, 그리고 이번 사태에 관련된 연구자는 앞으로 연방이 지원하는 어떠한 연구에도 리더십을 취하지 않을 것 등을 권고했고, 이러한 권고는 그대로 실시되었다.

이제까지의 또 그 밖의 사례를 검토한 결과 신약조사사업단은 피시험자가 된 사람들은 충분히 보호하고, 임상시험 약의 관리도 적절하게 하기 위해 그에 상당한 보고 및 감시 절차를 완비하도록 거듭 권고했다. 권고한 절차에 따르지 않는 경우에는 벌칙을 적용하도록 했다.

연구비가 무엇이기에

과학의 초기, 즉 우리들이 오늘날 과학이라 부르고 있는 것의 초기 무렵에는 인간 활동으로서의 이 분야와 그 실천하는 사람은 사회적으로 명성을 얻고 있었으며, 과학자는 지식 추구의 선구자로 존경을 받았고 과학 발전은 모두가 인류에게 유익한 것이라고 굳게 믿었다.

세월의 흐름과 더불어 과학 연구의 성과는 군사적으로 혹은 공업적으로 많이 응용되기 시작했다. 이 추이(推移)가 의미하는 것은, 과학의 연구비가 점차 사회적·정치적 압력에 좌우되게 되었다는 사실이다. 연구비의 재원(財源)이 뜻있는 사람들의 후원이나 공적 기금에서 정부기금으로 대치되어 왔다는 것이기도 하다. 이 상황이 기초적인 과학과 그 연구를 조락(凋落)시켜 과학사회의 윤리의 닻을 좀먹기 시작했다고 할 수 있다.

선진국의 경우 과학 연구의 재원 태반은 정부 혹은 공업계에서 지원하고 있다. 또 어떤 종류의 연구는 개인적 재단에 의존하고 있다. 그리고 최근에는 증권계에서도 출자하고 있다. 예를 들면 미국에서는 의회가 국립보건원(NIH)에 예산을 얼마만큼 배정할 것인가를 결정하고 있다 미국에는 이와 같은 연구소가 11개나 있다.

예산 인가는 시민단체와 재단의 로비 활동에 좌우된다. 이 제도는 과학자로 하여금 본래 하고 싶던 영역의 연구가 아니라 예산을 따기 쉬운 분야로의 전향을 조장하고 있다. 예를 들면 과거 닉슨 정권 시대에는 방대한 재원이 암 연구에 배당되었다. 연구의 어느 한 부분이라도

암과 관련 있는 학자는 누구나 연구비를 딸 수 있는 기회를 맞았다.

연구를 다루는 기관의 연구 분야가 고려하는 요소의 하나가 신청자의 신분이다. 전문 분야에서 권위자로 인정받고 있다는 사실을 인식시키기 위해 과학자는 훌륭한 아이디어 그 자체만으로는 연구비 신청의 기초로서 신청을 인정받는 데 별로 도움이 되지 않는다는 것을 알고 있다.

신청자는 그 분야에 통달해 있을 뿐만 아니라 기왕에 그 분야에서 공적을 쌓은 사실을 제시해야 한다. 이것은 이제까지 발표한 논문의 수와 질로 표시된다.

대학과 연구소에서 진급하는 경우나 혹은 연구비 신청의 경우에도 신청자에게 판정이 비교적 유리하게 작용하는 것은 논문의 수라는 것이 널리 인식되고 있다(그러나 반드시 그런 것만은 아니다). "발표마저 없다면 파멸"이라는 말은 이 신념의 정수(精髓)를 나타내고 있다.

발표를 요구하는 이 압력이 초래하는 중대한 결과는 (특히 연구비가 적고 경쟁이 치열할 때) 조잡한 논문과 과학상의 날조의 온상이 된다. 후자에 대해서는 몇 가지 유형을 생각할 수 있다. 예를 들면 연구비 신청 계획이 처음부터 엉성했기 때문에 필요한 데이터를 표절하거나 날조해 연구 결과를 위조하는 예이다. 『국제의학연보』의 에드워드 후스(Edward J. Huth) 박사는 이 분야에 존재하는 악폐를 분류했을 때 논문의 이론적인 내용에는 관여하지 않은 주임 수나 연구실의 기술인이 저자의 한 사람으로 들어 있을 때라든가 '샐러미 소시지 과학', 즉 같은 재료 발표를 되풀이하고 있을 때를 "가짜 저자"로 정의했다.

그러나 NIH에 의한 날조 조사에서는 NIH가 취급하는 약 2만 건의 연구 프로젝트 중에서 과학적인 위법행위의 문턱에 이른 것이 한 달에 평균해 약 2건이었다.

이와 같이 날조라고 제소하는 건수가 증가하고 있는 사실에 대해,

현재 어려운 경제 상태이기 때문에 연구자가 이름을 올리는 데 전례가 없는 스트레스를 받고 있다는 것이 일반적으로 설명되고 있다.

이 논의는 아직 해결되지 못했다. 날조의 태반은 연구실이나 대학에서 일어난다. 이와 같은 연구실의 학자에게 주어지는 연방 연구비가 대폭 격감된 적은 없다. 두 번째는 '실험실의 속임수를 조사한 책'의 기록을 보면 큰 연구반은 작은 연구반이나 개인 연구에 비교해 나쁘지 않다. 이와 같은 발표에 대한 압력과 연구비의 궁핍이 과학의 부정행위와는 전혀 관계가 없다고는 할 수 없지만 결코 주된 동기는 될 수 없다.

시카고대학교의 생물학 교수인 라이 판 발렌(Leigh van Valen)은 정직한 연구비 신청과 연구란 개념적으로 서로 어울리지 않는다고 한다. 그의 의견은 정직한 자의 지독한 연구가 연구비를 받은 적은 없다는 것이다. 보통 연구비의 연구 기간은 3년이다. 만약 이 3년 사이에 과학자가 어떤 새로운 아이디어 혹은 독창적인 연구법을 발전시켰다고 하면 그는 연구비 계획에 지장을 초래하지 않는 비용으로 그것을 하지 않으며 안 된다. 실제로 그와 같은 상황이 일어났다. 제임스 윗슨(James D. Watson, 1928~)이 프란시스 크릭(Francis H. C. Crick, 1916~)과의 협력으로 DNA 구조에 관한 훌륭한 일(연구)을 한 예이다. 윗슨이 국립과학재단으로부터의 학위 취득 미취직자 장려금으로 인정을 받았던 프로그램대로 계획을 수행했다면 노벨상으로부터 얻은 연구를 할 수는 없었을 것이다.

그런데, 어떻게 하면 과학자가 신청한 연구비로 양호한, 혁신적인 연구를 하는 것이 보증되는 것일까. 판 발렌에 의하면 곧잘 이용되는 훌륭한 수법이 몇 가지 있다. 첫째가 이미 끝난 연구로 아직 발표하지 않은 연구를 연구비 신청서에 기입하는 것이다. 이 경우는 신청자가 이미 결론을 알고 있다. 따라서 성공이 보장되는 실험을 할 수 있다. 그 연구가 승인되면 신청자는 그 재원을 신청서에 아직 한 마디로 기입하지

않을 새롭고 독창적인 연구를 위해 사용할 수 있다. 물론 기본적으로는
이것이 올바른 방법은 아니다. 그러나 사실은 이것이 곧잘 이용되고 있
다.

　다른 가능성은 결과가 좋거나 나쁘거나 결과가 나오는 것이 중요한
분야의 연구비를 신청하는 것이다. 이에는 기존의 학설을 추시(追試)하
는 것과 약의 탐구 및 스크리닝, 그 임상적 효과, 이미 알고 있는 현상
이 새로운 예에 적용 가능한지 여부를 테스트하는 것 등이 있다. 그와
같은 연구는 학문적으로는 재미가 반감하지만 아이디어로서 재미가 실
패할 가능성이 높은 연구보다 연구비를 획득할 가능성이 높다.

　위에서와 같이 창조적인 과학도, 새로운 아이디어도 국가와 공업계
에 무엇인가 이익을 초래하지 않는 한 지원될 기회는 적다.

금전적인 동기에서

　과학상의 날조를 저지르게 된 동기는 더 고찰해 나가기 위해서는 하
버드대학교 졸업생인 조지프 코트(Joseph Cort) 박사의 예가 안성맞춤
일 것 같다. 코트는 1951년에 영국 유학의 장학금을 얻었다. 그러나 그
의 정치 활동을 이유로 런던의 미국 대사관은 파괴 활동분자 혐의로
심문을 받기 위해 미국에 귀국하기를 요구했다. 그리고 1953년에는 미
국 육군에 징집되어 다시 귀국을 요구했으나 이러한 요구들을 그는 모
두 거절했다. 영국은 그의 정치적 망명을 승인하지 않았기 때문에 체코
슬로바키아로 가서 22년간 거주하며 연구를 계속했다.

　1975년 미국 정부가 코트의 기소를 취하한 사실을 알고는 미국으로
돌아와 뉴욕의 마운트사이나이병원에서 연구직과 교직에 취임했다. 코
트는 체코슬로바키아 시절에 유기화학자로서 바소프레신(vasopressin;

신장의 요세관[細尿管]에서의 물의 재흡수를 높이고 오줌으로 배출되는 수분의 양과 오줌의 농도를 조절하는 뇌하수체후엽에서 분비되는 호르몬) 구조와 매우 비슷한 화합물을 합성하는 연구를 했었다. 생물학상의 활성이 있는 이 분자의 구조를 약간 바꿈으로써 다른 성격을 갖는 화합물로 만든다든가 독성을 감소시킬 수 있다. 코트가 합성한 유사물질은 DDVAP(알코올 중독 환자의 알코올 소비 능력을 떨어뜨리는 약으로 처방한 약)와 그리프레신(gripressin; 내출혈 치료약)이었다.

마운트사이나이병원에서 코트의 연구는 혈중의 제8인자(혈우병 환자의 혈중에 결여된 응고 인자)의 수준을 높이는 다른 바소프레신 유사물질 기획에 관련된 것이었다. 제8인자의 생산은 바소프레신만으로 상승하지만 후자에는 혈압 상승과 뇨(尿)의 분비 억제 부작용이 있기 때문에 혈우병에 사용하는 것을 삼가고 있었다. 베가연구소의 지원을 받은 코트는 몇 종류의 바소프레신 유사물질 합성에 성공했다. 그 물질들은 고혈압과 이뇨 장해 등의 부작용을 수반하지 않는 제8인자 생산 자극 물질이란 것이었다. 코트는 이 신제품의 특허까지 받았다.

1980년, 코트는 마운트사이나이병원을 떠나 애리조나 주 투산(Tucson)의 베가연구소로 옮겨 연구를 계속했다. 하지만 1980년 12월에 동사의 사장이 마운트사이나이 시절의 데이터가 사실은 상상에 의한 산물이었다고 발표했다.

이 발표를 접한 마운트사이나이병원에서는 조사위원회를 발족시켰다. 이사 2명, 외부 과학자 2명과 직원 6명으로 구성된 이 위원회는 코트의 발표가 그의 연구실의 실험 노트와 다르다는 사실과 또 그가 발표한 실험의 극히 일부밖에 실제로 실험하지 않은 사실들을 발견했다.

코트는 좋은 성적을 내고 싶어했다는 허욕을 시인했다. 또 데이터를 날조한 것은 그의 성격 탓이었다고도 고백했다.

…… 엄청난 압력과 혼란 속에서 …… 나는 연구비를 벌지 않으면 안 되었다. 그렇지 않으면 굶어죽을 수밖에 없었다.

그것이 가능했다는 것만으로 누구나가 미국의 특허 신청이 가능하다는 것을 알고 좌우간 신청부터 하려고 노력했다. 신중하게(부정 사실을 알지 못하도록) 조심했다(『뉴욕타임스』, 1982년 12월 B1, B4페이지).

상상으로 만든 데이터

지독한 데이터 날조의 예로 로버트 굴리스(D. Robert J. Gullis) 사건을 들 수 있다. 굴리스가 생애에 발표한 11편의 논문 중에서 7편이 버밍엄대학교(영국)의 지도자 찰스 로우(Charles E. Rowe)와의 공저였고, 나머지 4편은 독일 막스플랑크 생화학연구소(Max Planck Institute of Biochemistry) 학자와의 공저였다. 이 논문들은 모두 『네이처』에서 그의 데이터가 '상상이 낳은 헛소리에 불과하다'는 것을 시인시킨 때보다 이전의 것이었다.

굴리스는 막스플랑크생화학연구소의 함프레히트(B. Hampreht) 박사 연구실에서 2년간 학위 취득 후의 연구생으로 생활했다. 이 기간 동안 그곳 연구자와 함께 신경계의 종양세포로 사이크리크 구아노신 모노포스페트(C-GMP)와 사이크리크 아데노신 모노포스페트(C-AMP) 레벨에서의 모르핀과 다른 신경부활제의 영향을 조사한 논문을 발표했다(C-AMP과 C-GMP)는 세포 밖으로부터의 신호를 세포 안으로 전달하거나 갖가지 대사 과정에 필요한 효소의 캐스케이드(cascade)를 세포 안에서 활성화하는 데 불가결한 중요한 분자이다.

이곳에서의 연구 기간이 끝난 시점에서 굴리스는 막스플랑크연구소를 나왔다. 그 후에 연구 동료가 굴리스가 발표한 실험을 주시했으나 잘 되지 않았다. 그래서 굴리스를 연구소로 불러 실험을 재현시키기로 했다. 그때 이미 어떤 의혹이 있었으므로 비판 대상의 실험에서 사용할 샘플에 몰래 표시를 해 두었다. 모르핀도, 뇌에 생리적으로 존재하는 진정제 엔케파린(enkephalin)도 C-GMP 레벨에서는 변화하지 않는 것이 곧 판명되었다. 굴리스는 거기서 데이터를 위조한 사실을 시인했다. 또 1973년에서 1976년 사이 로우와의 공저로 발표한 4편의 논문은 가설에 불과하며 실험 데이터에 바탕한 것이 아니었음을 고백했다. 그래서 함프레히트와 굴리스는 연명으로 『네이처』(1977년 265권 746호)에 이미 발표했던 '날조한 데이터에 논거한' 논문의 리스트를 게시하고, 굴리스는 다음 글을 첨가했다.

불상사의 책임은 모두 나에게 있다. 결국 그로 인해 괴로워하지 않을 수 없었던 것은 나였다. 나의 경험을 다른 사람들에게도 알리고 싶었다. 학회 및 관계자 여러분에게 큰 폐를 끼친 점을 깊이 사죄한다.

어찌하여 연구소 팀의 다른 멤버가 굴리스의 농락을 눈치채지 못했는가. 함프레히트가 『네이처』에 게재한 술회 중에서 섬광 측정기에서 데이터를 프린트 아웃하는 것은 굴리스만이 했다고 기술하고 있다. 프린트 아웃한 이 데이터를 종합해 평가한 사람은 함프레히트였다. 그룹의 작업은 서로의 신뢰를 토대로 했고, 다른 연구자의 생데이터를 조사하는 등의 조치는 아무도 하지 않았다. 즉, 결과가 납득할 수 있는 상식적인 것인 한 아무도 데이터가 조작된 것이라고는 생각하지도 못했다(『사이언스뉴스』, 1977년 111권 150호).

굴리스의 학자로서의 생명은 끝났다. 일련의 연구 결과는 모두 기록에서 삭제되었지만 이 논문을 참고 문헌에 실은 인쇄물이 각종 출판물과 『인덱스 메딕스』, 『바이올로지컬 애브스트랙스』, 『케미컬 애브스트

랙스』 등의 문헌지에 아직 남아 있다.

부정과 위조가 굴리스의 예처럼 공인된 후에 폭로되었을 때는 이 분야에 직접 관여했던 학자는 모두 그 사실을 알고 기록은 정정된다. 하지만 이에 기만당하는 사람은 신참자이다. 그들은 문헌 초록집을 통해 정보를 입수해 이 분야에 들어온다. 그러나 그들도 날조가 자행된 분야에 정통하게 된다면 곧 이 정보를 경시하기에 충분한 지식을 갖기에 이른다.

설탕을 산으로 바꾼 연구

데이터 날조를 고백한 또 하나의 예로는 프린스턴대학교의 퍼베스 (J. Purves) 사건을 들 수 있다. 그는 자궁 안에서 척추동물의 태아 뇌를 연구하는 방법을 개발하고 있었다. 1981년, 국제생리학회에서 퍼베스는 양의 태아 뇌로 5-디옥시글루코오스(글루코오스의 비대사 유사물질) 획득에 관한 몇 가지 데이터를 발표했다.

동물세포에는 당글루코오스를 에너지원으로 하여, 또 좀 더 고분자의 구성 요소를 필요로 한다. 따라서 세포막은 글루코오스를 세포 외부에서 내부로 끌어들이는 기구를 가지고 있다. 세포의 당 흡수를 측정하기 위해 학자는 글루코오스를 5-디옥시글루코오스로 치환한다. 이 분자는 글루코오스와 매우 흡사하지만 세포 안에서는 대사되지 않는 무용의 물질이다. 퍼베스의 실험에서는 방사성 활성이 있는 원자로 표시한 디옥시글루코오스를 세포 안에 넣고 추적해 그 집중도를 측정했다. 퍼베스는 디옥시글루코오스는 자고 있는 태아에게서는 눈뜨고 활동하고 있는 때보다 서서히 흡수된다고 주장했다. 그의 연구는 학회 논문집에 게재되었다.

퍼베스의 젊은 동료들이 이 연구에 의문을 갖고 추시했으나 그대로 되지 않았다. 대학에 부문 합동조사회가 설치되고 퍼베스는 사직했다. 그는 또 학회 논문집에 낸 데이터는 날조된 것이었다는 편지를 『네이처』에 보냈다.

『네이처』의 편집부는 퍼베스만큼 재능있고 웰컴재단과 공중보건국의 지원을 받은 학자가 사직으로 내몰리고, 신용을 떨어뜨린 사실에 놀라움을 감추지 못했다.

임상시험을 둘러싼 부정행위

미국은 1990년 후반부터 대학을 비롯한 학술 기관의 생명과학 기초 연구에 대한 지원이 줄어들자 산업계의 자금 지원에 의존하는 형태로 변화하고 있다. 즉, 산업계와 대학의 공동 연구가 늘어나고 있다. 구체적으로는 제약산업과 의학 교육기관 사이에서 신약 개발이나 임상시험 연구에 관한 협력이 늘어났고 그 결과 연구 자금을 둘러싼 부적절한 관계가 자행되고 있다.

이러한 경향은 다른 나라에서는 마찬가지로, 부정한 자금 제공과 그 수수라는 범죄 사항과 관련해 연구자의 부정행위로 이어지기 쉽다. 만약 부정행위를 바탕으로 한 신뢰할 수 없는 정보가 유통된다면 환자는 물론이거니와 최종적으로 제약 회사와 의사에게도 큰 손실을 초래하게 될 것이다.

『영국의사회잡지(BMJ)』의 편집위원장을 지낸 로크 박사와 함께 『의학 연구에서의 부정행위』를 편집한 바 있는 웰스(F. Wells) 박사는 임상시험을 둘러싼 부정행위에 대해 '직언'이란 표제의 인터뷰 기사에 의견을 피력한 바 있다(R. Babbedge, 1998, Straigt talking: Frank on Fraud,

Good Clinical Practice Journal, 5(4) : 38-41).

웰스 박사는 왕립 런던병원에서 내과의로 임상활동을 한 연구자였다. 그는 제약 회사와 많은 공동 연구를 했고, 후에 영국 제약협회의 의학 부문 디렉터를 역임한 인물이다. 이러한 일련의 직무를 퇴임한 후 1996년 임상시험 연구의 부정행위를 조사하는 전문기관을 설립하기도 했다.

웰스 박사에 의하면, 부정에 관한 조사는 환자에 대한 인터뷰에서부터 시작된다. 환자에게 인터뷰를 요청하는 편지를 보내면 70% 정도가 호응하고, 호응자와는 30분 정도 면담하게 된다. 이 인터뷰를 통해 환자가 서명하지 않은 임상시험 참가 동의서, 자신의 필적이 아닌 서류 등이 밝혀진다고 한다. 조사 데이터의 날조 문제 이전에 의사로부터 충분한 설명을 듣지 못한 채 임상시험이 이루어진 실태가 먼저 밝혀진다. 웰스 박사는 영국에서 실시되고 있는 임상시험 중에서 매년 30건 내지 40건의 부정이 존재한다고 추정하고 있다.

일본에서의 각종 부정행위 사례

일본에서의 사례를 조사해 보면 명예욕과 성과에 조급한 나머지 데이터를 날조하거나 임의로 바꿔 찾아내기가 불가능한 사례가 빈번하고, 해외지와 일본 국내지에 중복 발표, 유학 중의 연구 성과 취급, 부정행위에의 대응 등 일본의 특색이라 할 수 있는 것이 엿보인다. 또 그 사례들의 대처 방법을 보면 "사실의 해명을 우선한다"는 본래의 과학주의로부터 멀리 떨어진 장소에 일본의 과학은 위치하고 있다는 느낌이 든다.

중복 발표와 부정행위

학술잡지 편집자는 이제까지 발표된 적이 없는 새로운 연구 성과를 위해 잡지의 지면을 사용한다. '이미 출판된 연구'나 '다른 잡지에 투고 중인 논문'은 싣지 않는다. 발표 언어에 상관없이 "같은 원저 논문을 중복해 발표하는 것"은 허용되지 않는다. 이것은 「생물의학잡지 투고에 관한 통일규정(Uniform Requirements for Manuscripts Submitted to Biomedical Journals)」에도 명기되어 있다.

과학 출판의 역사에서 보면 그중 투고나 중복 발표는 19세기 이전에는 극히 당연한 행위였다. 당시 저자들은 자신의 연구가 가능하면 많은 사람들 눈에 띄도록 두 가지 이상의 잡지에 발표해야 한다고 생각했었다. 우편제도가 발달하지 못했고, 따라서 국제적으로 유통되는 잡지도 희소했다. 지역적인 차원에서 정보가 전파될 뿐이었으므로 학술 잡지의 편집자가 같은 분야의 주요 연구지나 잡지와 교환하거나 우수한 논문을 전재(轉載)하는 경우도 있었다. 제2차 세계대전 이전의 일본에서도 일본어로 발표한 논문 내용을 외국어로 번역해 발표하는 것은 허용되었고, 그것은 일본에서 발행했던 구문지(歐文誌)의 주요 역할이기도 했다.

그러나 20세기 후반에 이르자 연구자는 "본질적으로 같은 내용의 오리지널 논문을 복수의 잡지에 발표하는 것은 잘못"이라고 생각하게 되었다. 그 배경이 된 것은 정보 유통의 비약적인 발전과 학술 출판에 소요되는 에너지와 비용 경감이 요구되기 때문이다. 오늘날에 이르러서는 인터넷과 CD-ROM을 이용해 데이터베이스에 쉽게 접속(access)할 수 있고 세계적인 수준에서 문헌을 검색할 수 있다. 그런 만큼 중복 출판이나 다중 출판은 정보 홍수를 조장하고 독자에 대해서는 물론이거니와 심사, 편집, 제작, 유통, 초록, 색인 업무 등 학술 출판의 모든 측면에서 지적 에너지의 낭비를 낳고 경제적으로 쓸데없는 비용이 나가게 된다.

중복 출판이 일정한 조건 아래서 인정되고 있는 것은 '평행 출판(parallel publication)'이라 불리는 경우뿐이다. 이것은 '다른 언어에 의한 중복 출판'을 의미하는 경우가 많지만 동일 언어일지라도 요건을 충족하면 가능할 것이다. 중요한 점은, "최초의 논문과 두 번째 논문은 독자층이 다르지 않으면 안 된다"는 점이다. 예를 들면 기초의학 연구자를 대상으로 한 영문 논문을 발표한 후에 같은 데이터를 사용해 일본어로 일본 국내의 실지 의가(醫家)를 대상으로 집필하는 것은 평행 출판에 해당된다. 단, 이것도 양지(兩誌)의 편집위원회가 중복 출판으로 간행하는 의의를 인정한 때의 일이며 평행 출판이라는 사실을 두 번째 논문에 명기할 필요가 있다. 결코 편집위원회가 무단(無斷)으로 실어서는 안 된다. 또 국내지에 발표한 내용에 증례 수나 데이터를 추가해서 해외 전문지에 투고하는 사례도 종종 발견되는데 두 논문의 결과에 명확한 차이가 없다면 이것도 중복 발표로 간주된다. 몇 가지 사례를 통해 고찰해 보자.

『일본안과학회잡지』의 중복 발표 논쟁

1996년 『일본안과학회잡지(『일안회지』)』에서 이중투고(중복 발표)를 둘러싼 논쟁이 발생했다. H박사(A의과대학)가 미국의 리핀코트사에서 출판하고 있는 『레티나(Retina)』지와 『일안회지』에 동시에 발표한 망막 중심 정맥폐쇄증에 관한 논문에 대해 I박사(Y의과대학)로부터 중복 발표의 의심이 투고했다. I박사의 질문에 대한 저자인 H박사로부터의 회답, 그리고 게재의 판단을 한 일본안과학회잡지 편집위원회의 견해가 발표되었으므로 먼저 그들 문장을 통해 사실 관계를 정리해 보자.

첫째, 이중 투고로서 "편집위원회에의 편지" 난에서 지적하고 있는 I박사에 의하면, H박사가 『레티나』지에 발표한 내용과 『일안회지』에 발표한 내용에서 다른 점은 데이터의 수집 기간과 증례 수이고, 양지(兩誌)의 결론에 차이는 없다. 『레티나』지에서는 1983년부터 1994년까지의 11년간으로 대상 증례 수가 136건이고 『일안회지』에서는 1년간 더 많은 1983년부터 1995년까지의 12년간에 증례 수가 14건 늘어나 150건으로 되어 있다. I박사는 "두 논문에서 사용되고 있는 표는 한쪽은 일본어로, 다른 한쪽은 영어로 작성했다는 점과 대상 증례 수의 약간의 차이 뿐이었다"라고 기술했다(飯島裕幸, 1996, JJO以外の英文學術雜

誌と日眼會誌との二重投稿について, 日本眼科學會雜誌, 100: 716).

둘째, 『레티나』지의 논문은 1994년 4월 8일 접수, 동년 6월 30일 수리되어 1995년 1월호에 게재되었다. 한편, 『일안회지』의 논문은 1995년 4월에 접수, 동년 8월 29일 수리해 1996년 1월 10일에 개재되었다. 즉, 『레티나』지에 투고한 후 1년 된 시점으로, 증례 수를 더해 『일안회지』에 투고한 것이다. 이미 영문 논문의 수리가 결정된 후에 『일안회지』에 투고한 것으로, 연속되는 연구로서 『레티나』지 논문이 당연히 인용되어야 할 것이지만 인용되지 않았다. 저자들은 회답문에서 다음과 같이 기술했다.

『일안회지』의 논문에 『레티나』지의 논문을 인용하지 않은 점에 관해서는 우리들의 배려 부족이며, 오해를 초래하게 된 것에 대해 변명할 여지 없이 사과드립니다.

이 건에 대해 편집위원회는 그 견해에서 다음과 같이 비판했다(日本眼科學會 雜誌編輯委員會, 1966, 引地論文についての見解, 日本眼科學會雜誌, 100: 718).

H씨의 회답에서는 『레티나』지의 1호를 손에 넣기 전에 본지에 투고했다고 하지만 이 시점에서 『레티나』지 게재 논문의 교정쇄는 교정이 완료되었을 것이므로 …… 유사 내용의 논문을 타지에 발표 또는 투고 중인 경우에는 별쇄(또는 카피 원고)를 첨부해 그 사유를 부가해 주십시요가 지켜지지 않았습니다. …… 또 『레티나』지 게재 논문은 이 논문과 가장 유사한 논문이므로 당연히 그 인용이 되었어야 한다고 생각됩니다.

사독(査讀) 중에서 레퍼리와 편집위원으로부터 지적되고, 후에 가장 가까운 이 논문을 인용에 추가했다. 이것으로는 '부주의'가 아니라 '의도적으로 인용하지 않았다'고 받아들여질지도 모른다.

편집위원회의 상황 설명을 읽어보면 오서십(authorship)을 둘러싼 문제가 확실히 엿보인다. 이 사례에서는 특히 해외 연구기관에서 수행한 연구를 유학처의 연구자 동의 없이, 또 그들을 저자로 참가시키지 않고 일본 국내지에 자기의 연구로 발표하려고 한 H박사의 의도가 명백했다.

『일안회지』에 투고된 제1고는 H박사를 포함한 2명의 공저 논문으로 제출되었다. 그러나 조사 시설명의 탈락을 논문 심사에서 지적받자 H박사는 "『레티나』지 논문의 공저자인 유학처의 하버드대학교 외국인 연구자를 포함한 2명의 저자를 포함시키는" 대응을 했다. 만약 해외 연구자를 무시하고 발표했다면 아마도 문제는 더욱 확대되었을 것이고, 하버드의 연구자로부터 도용을 지적받지 않았겠는가. 양지 모두 메드라인 데이터베이스에 수록되어 있기 때문에 해외 연구자가 발견할 가능성이 높아 국제적인 문제가 되었을 것이다. 근사 논문인 『레티나』지의 인용 누락과 그에 따르는 공저자의 추가 처리로부터는 일본안과학회 잡지편집위원회가 최종적으로 이중 투고로 간주하지 않고 수리는 했지만 어디까지나 고충이 따른 판단이었던 것을 읽을 수 있다. "국제적인 일류 잡지였다면 게재는 어려웠다"는 것이 일반적인 견해가 아니겠는가. 이것은 또 유학 중의 일을 일본에 돌아와서 발표할 때 주의하지 않으면 안 되는 사례이기도 하다.

『일안회지』의 질적 향상을 위해 연일 노력하고 있는 동지의 편집자 입장에서 본다면 이 논문은 이중 투고로 철회되어야 마땅했다. 그렇게 함으로써 동지는 한 걸음 높은 차원에 도달할 수 있지 않았을까. 이 논문은 증례 수가 늘어났을 뿐 결론에 큰 변화가 없는 내용이며 "인용과 오서십에 부적절함이 있는 논문을 게재했다"는 『일안회지』의 판단에는 비판이 모아질 것이다. "최대의 관계 논문을 인용하지 않고 해외 공동 연구자를 제외"하는 자세는 저자가 이중 투고를 자각하고 있었다는 것을 나타내고 있기 때문이다. 단, 편집자 쪽이 이 경위에 대해 제3자의 입장에서 기사를 게재하고 널리 토의하고자 하는 자세는 평가할 만하다. 이 일련의 기사를 읽으면 문제의 소재와 편집자 쪽의 괴로운 판단을 이해할 수 있고, 금후의 대응을 생각할 때 주의점을 명확하게 할 수 있기 때문이다.

이것은 중복 발표를 둘러싼 논쟁의 사례였다. 다음에는 "논문의 게재를 취소하는 철회 처리로까지 발전한 사례를 소개하겠다.

『일본정형외과학회지』의 철회 사례

1991년의 『일본정형외과학회잡지(『일정지』)』에 인쇄된 G박사의 논문에 대해 동지 편집위원장과 동 학회 이사장의 연명으로 '게재 논문 전문 취소 공고'가 게재되었다(小野寺敏信・東博彦, 1991, 揭載論文全文取消しの公告, 日本整形外科學會雜誌, 65(9) : 152). 동시에 저자인 G박사로부터 편집위원장과 이사장에게 보내 "공식 기록에 의한 두 논문의 철회를 신청하는 문서"도 게재되었다. 그리고 이 두 종류의 논문 게재 철회문서는 해외용으로 영문으로도 발표되었다. 이와 같은 일련의 대응은 한 번 게재한 논문을 정식으로 취소하는 철회 처리로, 편집상의 모델이 되는 적절한 조치라 할 수 있다.

이 사건은 "G박사가 해외 유학 중에 한 연구를 해외 공동 연구자에 무단으로 자기 단독 논문으로 『일정지(日整誌)』에 발표했다"는 것이다. 이것은 조사 데이터의 도용이며 또 중복 발표와 오서십의 위반에 해당한다.

G박사는 미국의 케이스웨스턴리저브대학교 생물학교실에 유학해 공동 연구의 성과를 몇 가지 영문 논문으로 발표했었다. 예를 들면『임상적 정형외과학과 관련 조사(*Clinical Orthopaedics and Related Research*)』(1991년),『본(*Bone*)』지(1992년) 등이다. 하지만 동시에 같은 데이터를 사용한 같은 내용을 유학지인 케이스웨스턴리저브대학교에서 일본의 정형외과 분야에서도 가장 권위있는『일정지』에 두 명의 일본어 단독 저자 논문으로 투고했다. 이것은 1989년 10월 19일자로 접수되어 1991년 1월호에 게재되었다.

　　이 두 편은 원저 논문이고 영문 초록이 실려 있었다. 그 때문에 해외의 공동 연구자는 잡지를 읽었거나 메드라인 데이터베이스의 검색하거나 하여 알았을 것이다. 자신들의 연구실에서 진행한 공동 연구이면서 G박사가 단독 저자로 발표한 일본어 논문을 발견하고『일정지』편집위원회에 의문을 제시했을 것이다. G박사는 이사장과 편집위원장에게 보낸 철회 문서에서 다음과 같이 표현했다.

　　　연구가 수행된 기관의 투고 허가도 받지 않은 채 공동 연구자의 동의도 없이 자신을 단독 저자로 투고한 것이며, 연구기관의 책임자로부터 논문을 취소하도록 엄중한 지시가 있었다⋯⋯.

　　이 예는 실험 성과의 도용과 오서십이 위반이며 또 미·일 간의 문제로까지 발전했다. 일본의 잡지 편집자는 해외 유학 중의 연구에 바탕한 논문의 투고가 있었을 때 마찬가지 문제가 일어나지 않도록 논문 심사 단계에서 세심한 주의가 필요하다.

해외 국제지에 대한 중복 발표

일본의 Y의과대학 F박사의 사례는 스위스의 바젤에서 간행되는 『*Journal of Oto-Rhino-Laryngology and its Related Specialties (ORL)*』지와 독일의 하이델부르크에서 발행되는 『*European Archives of Oto Rhino-Laryngology*』지에 중복 발표를 지적된 사례이다. 바젤대학 이비인후과 교수인 프로브스트(R. Probst) 박사가 『*European Archives*』지의 투고란에 발표한 중복 발표를 경고한 편지에 따르면, 두 논문은 조사 대상으로 한 기관과 증례 수가 일부 다를 뿐 표의 1, 2는 일부 숫자를 제외하고 동일하며 『*ORL*』지의 표 3은 『*European Archives*』지의 그림 1에 대응하고 있었다(R. Probst, 1997, The nasopharyngeal bacterial flora in children with otitis media with effusion, *European Archives of Oto-Rhino-Laryngology*, 254: 19). 초록과 본문은 비슷하거나 거의 같았다. 이 두 논문의 투고 기간 차이는 약 50일에 불과했고 거의 같은 시기에 투고되었다. 『*ORL*』지에는 1995년 2월 10일에 투고되고, 한편 『*European Archives*』지는 1995년 3월 20일에 투고했다. 『*ORL*』지 논문은 1994년 1월부터 5월까지 37증례를 대상으로 하고 『*European Archives*』지 논문에서는 1994년 1월에서 12월까지 43증례와 5증례가 늘어났다. 두 논문 모두 수리되어 1996년에 인쇄되었다.

프로브스트 박사의 편지에 대해 『*European Archives*』지 편집위원회를 대표해 콘블러트(A. D. Kornblut) 박사가 회답을 게재했다. 박사는 "동지의 편집위원회 멤버는 F박사의 논문이 이중 투고인 것을 몰랐다"고 서술하고, "본지에 논문을 투고하는 사람들은 규정을 지키는 것으로 신뢰했지만 불행하게도 잘못이 생겨 중복 발표가 발생하고 말았다. 이로 인해 발표의 지면(space)이 주어져야 했을 논문이 게재되지 못하고 또 불필요한 중복 발표로 심려를 끼친 데 대해 사죄드린다"과 맺었다.

이 편지가 게재된 다음호에 중복 발표를 지적당한 F박사로부터의 해명 편지와 그에 대한 편집위원회의 콘블러트 박사의 회신이 실렸다. F박사는 "두 논문은 내용적으로 비슷하지만 중요한 점에서 차이가 있다"고 하고, 조사 기간과 증례 수가 다른데 관한 중요성을 언급해 "같은 방법으로, 최종적으로 같은 결과를 얻었다 할지라도"라고 기술했었다. 저자의 말을 곧이곧대로 받아들인다 하더라도 이 경우는 1년간의 장기 데이터에 의한 논문만의 발표로 충분했을 것이다. 두 논문의 투고 기간 차가 불과 50일에 불과하므로, 또 저자 스스로가 말하고 있듯이, "결과는 같을" 뿐, 증례 수를 늘린 것만의 논문을 일류 국제지에서 싣는다고는 믿어지지 않는다. 만약 최초의 논문이 『ORL』지에 인쇄된 후에 2편째를 『European Archives』지에 투고했다면 결코 게재되지는 않았을 것이다. 콘블러트 박사는 "투고하는 시기를 생각해야 한다"고 마지막으로 저자에게 주의를 환기시켰다.

이 F박사의 두 논문은 완전한 동일 논문의 중복 출판은 아닐지 모르지만 '과다한 출판(redundant publication)'이고, 국제지의 편집자라면 수리할 수 없는 논문이라 할 수 있다. 저자에게는 업적이 되겠지만 독자는 물론 레퍼리, 출판자, 2차 자료 제작 기관, 도서관으로서는 쓸데없는 일이 된다는 것을 저자는 마음에 새겨야 할 것이다.

증례 수를 늘려 새로운 논문으로 발표할 때, 예를 들면 1보가 증례 보고와 투고 논문이고, 2보가 메커니즘이 해명되어 고찰이 충분히 이루어진 원저 논문인 경우는 허용될 것이다. 또 더 많은 증례를 모아 초기의 결론을 좀 더 보강하는 내용의 논문을 1보를 인용하면서 잡지 편집자에게 게재 여부를 위임하는 것도 적절할 것이다. 그러나 결론이 같고 증례 수가 불과 약간 늘어난 것뿐인 원저 논문은 중복 발표로 간주된다. 여기서 결론이 같은지 다른지는 레퍼리와 편집자가 판단할 소관이다. F박사의 사례에서는 거의 같은 시기에 증례 수가 다른, 그리고 편집자가 "결론에 다름이 없다"고 판단한 원저 논문이 투고되었던 것이다.

여기서 1996년에 보도된 일본인 간장병 연구자로부터의 중복 투고에 대한 편집자의 의견을 소개하겠다. 『헤파톨로지(*Hepatology*)』지의 버크(P. D. Berk) 위원장이 동지의 논설 기사에서 다음과 같이 기술했다. "간장병 연구자는 전문 영역의 진보를 추적하기 위해 주요한 간장과 소화기병 전문지에서 생산되는 매월 1,000페이지 이상의 새로운 논문을 체크해야 한다. 『헤파톨로지』지는 투고된 논문의 55%가 채택되지 못하며, 많은 논문에 발표 기회를 주지 못하고 있다. 편집자는 이제까지 발표된 적이 없는 새로운 연구 성과를 위해 잡지에 실으며, 이미 출판된 연구나 타지에 투고 중인 논문은 수리할 여지가 없다는 것이다(P. D. Berk, 1996, Redundant publication: a form of reader abuse, *Hepatology*, 24: 268-269).

해외 연구에서의 갈등

1999년 3월 29일의 『아사히신문(朝日新聞)』지상에 '일본인 의사가 연구자료 절도'라는 표제로 메이요 클리닉(Mayo Clinic)에서 연구원으로 일했던 오사카(大阪) 출신의 일본인 의사가 연구 데이터를 훔친 혐의로 미국 연방수사국(FBI)에 체포되었다는 기사가 게재되었다. 그 1개월 후인 4월 29일자 『아사히신문』에는 이 일본인 의사를 기소유예 처분하기로 결정했다는 기사가 자그마하게 실렸다. 종합과학잡지 『네이처(*Nature*)』는 이 사건을 뉴스 기사로 다루어, 지적소유권에 관한 미·일의 인식 차이를 드러낸 것이라고 보도했다(A. Saegusa, 1999, Japanese reseacher faces US charges over data, *Nature*, 398: 448). 『네이처』 지 기사에서는 "연구 데이터를 둘러싼 지적소유권의 인식차"라고 해설 했으나 이것만으로는 사건을 충분히 파악할 수 없어 아사히신문이 뉴스 소스로 한 배신(配信) 회사의 오리지널 기사를 수집해 보았다. 신문기사와 통신사에 의한 배신 기사를 검색하기 위해 미국 대학도서관에서 많이 이용하고 있는 종합적인 데이터베이스인 렉시스 넥시스 아카데믹 유니버스(LEXIS/NEXIS Academic Universe)를 이용해 3월 말부터 4월 말까지 1개월간을 중심으로 검색하자 8건의 관련 배신 기사가 발견되었다. 중복된 내용이 많았지만 이 사건의 구체적인 모습을 볼 수 있었다.

그렇다면 A의사는 어떠한 자료를 훔친 것으로 되어 있는가. 그는 일본에 귀국하고나서 메이요 클리닉에서 자신의 연구를 계속하기 위해 관련되는 몇 가지 조직 표본과 슬라이드를 가져오는 허가를 받았지만 그 이외의 자료도 입수했다. "허가된 것 이외의 대량의 자료를 가지고 오려 했다"는 것이 우선 잘못이었다. A의사는 연구실 안에서는 때로 조직 샘플이 없어지거나 도난당하기 때문에 가지고 오는 것에 크게 마음을 쓰지 않았다고 심정을 밝혔다. 그가 소속됐던 메이요 클리닉 연골결합조직연구실은 질병이나 손상으로 인한 관절 치료를 위한 유전자 치료를 중심으로 한 새로운 기술을 개발해 세계를 리드하고 있는 연구기관이다. A의사는 귀중한 90건에 달하는 연구 프로젝트에서 발생한 연구 데이터와 합성유전자정보 등 모든 파일을 자신의 하드디스크에 복사했다. 이 증언을 한 일본인 연구자는 또 A의사가 귀국하기 2주 전부터 화물을 정기적으로 일본으로 보냈다는 사실도 증언했다. 그리고 로체스터를 떠나기 전날 A의사가 실험실의 사진을 촬영하는 것을 메이요 클리닉의 경비원이 목격했다.

화물과 사진 촬영은 사건과 직접 관련이 없을지 모르지만 연구실의 90프로젝트에 이르는 자료를 부정하게 복사한 것은 명백한 '연구 데이터 도용'에 해당한다. 또 A의사는 1997년부터 펠로십을 얻어 2년간의 연구를 이 세계적인 일류 연구기관에서 정형외과 연구를 시작하면서 "실험 노트의 관리와 실험 데이터의 귀속 등, 연구 원리 규정에 대해서는 정보를 얻고 있었을 것으로" 상상된다. 그러나 그는 이 규정의 뜻을 충분히 이해하지 못했음이 분명하다.

A의사는 로체스터 공항에서 청바지와 스웨터 차림으로 체포되었을 때 FBI 체포장에 놀라 당황하며 도대체 무슨 일이 일어났는지조차 파악하지 못하는 상태였다. 자기 행위의 의미를 인식하지 못하는 것 같았다. A의사가 참가한 연구의 실험 데이터와 연구 데이터뿐이었다면 『네이처』지가 기술한 바와 같은 "지적소유권의 미·일 격차"라는 시각은 정확하겠지만 가져나온 것이 연구실 전체의 연구 데이터에까지 이른다면 이는 "미발표 자료를 포함한 연구정보의 도용"에 해당하고, 부정행위 그 자체이다. 연구 윤리에 따른 관점이야말로 이 사건을 고찰하기 위한 정확한 접근 방법일 것이다.

이 사례는 불기소 처분되었지만 "과학 연구상의 부정행위"에 해당하는 것이며, 자기 연구의 지속만을 고집한 결과 야기된 사건이라 할 수 있다.

인문·사회과학 영역의 사례

부정행위와 논문 철회의 사례를 조직적으로 검색하는 것은 현시점에서는 어렵다. 스캔들이 될 사례는 극히 일부분에 불과하다. 여기서 몇 가지 사례를 소개하고 문제점을 지적해 보기로 하겠다.

〈사례 1〉『슈캉아사히(週刊朝日)』(2000년 4월 28일호)에 게재된 H대학 G학부의 기요(紀要)에 발표된 S강사가 쓴 논문에 대한 부적절한 역문(譯文)의 인용을 둘러싼 논의이다. S강사는 번역서에서 인용하면서 표현을 약간 바꾸어 자기자신의 역문인듯이 표기하고 있으며, 이 역문이 논문 전체의 25%를 차지했다. 도덕성을 논한 논문이고 또 교육자 양성을 목표로 하고 있는 대학 교원의 저작인만큼 윤리관의 결여는 결정적인 것이라 할 수 있다.

기요편집위원장인 H교수가 이 사건을 학부장에게 보고해 사실 관계에 대한 조사가 이루어지고, "부적절한 문헌 인용을 했다"는 것이 전국의 연구자에게 '사과'장으로 공언(公言)됨으로써 대학으로서는 깔끔하게 대응했다고 생각된다. 그러나 본지에 끼워넣었다는 사과장에 대해 실제로 그 기요를 수집하고 있는 인근 대학도서관 세 곳에 복사 신청을 해 보면 세 곳 모두로부터 '불명'이라는 회답이 돌아왔다. 이 예로 보아도 사과장은 끼워넣기 형식이 아니라 본지 속에 정식으로 인쇄되어야 하지 않을까. 사과장을 분실한 도서관에서는 이 부정행위가 기록에 남지 않고 잊혀지고 말 것이기 때문이다. 끼워넣기 형식에 의한 공언 방법은 "이 부정행위 조사의 처리 방법과 수속이 철저하지 못한 데" 있었다고도 할 수 있다.

〈사례 2〉 N대학 대학원 연보에서 제9호와 제12호에 게재된 2편의 논문이 도용 논문이었음을 밝히는 사과글이 동 연보의 제13호에 발표되었다. 이 사과 문장은 논문을 도용한 저자인 대학원생의 지도 교수가 작성해 "학생과의 신뢰 관계에 안심하고 엄밀한 지도를 태만히 한 주임교수였던 나의 불찰이라고 깊이 반성하는 바입니다"라고 기재되어 있었다. 조치로는 첨부 견본이 딸린 정정실(訂正seal)이 발송되고 목차 부분과 해당 논문에 도용한 것이므로 인용하지 않기를 바라는 주의서가 붙어 있었다. 이 사례로 보면 기요의 편집위원회는 실제로 논문 심사를 또박또박 실시하지 않고 있으며, 젊은 연구자인 원생의 개재 논문은 지도교원의 책임 아래 수리가 결정되는 것으로 생각된다. 그렇지 않다면 '지도교원'이 사고 문장을 쓸 필연성은 없다. 원칙대로라면 도용한 저자로부터의 사과장이 편집위원장 앞으로 제출되어 게재되어야 한다.

여기서 가장 중요한 것은 도용한 저자가 먼저 스스로의 잘못을 인정하고 공식적으로 사죄하는 일이다. 그 문장을 지도교관과의 연명으로 하거나 별도 동종의 문장을 가하는 것은 좋지만 당사자의 문장이 없는 것은 결함으로 볼 수 있다. 또 사과장이 아니라 도용한 이유와 경위가 사실로써 제공되는 편이 훨씬 중요하다. 즉, 정상(情狀)에 호소하는 것이 아니라 사실을 중심에 두고, 그것을 독자에게 제시하는 것이 중요하며, 그것이 편집자의 책무가 아니겠는가.

〈사례 3〉K대학의 기요 31호(1999년 5월)에 발표된 Y씨에 의한 전면적인 논문 도용사건이다. 대응 조치는 도용 논문이 게재된 기요 31호를 모두 회수해 그 도용 논문을 삭제한 기요를 새로 재송부한다는 것이었다. 이 "회수 협력의 부탁"에서 연구실장인 N교수는 원저자와 독자에게 사과를 표명했다.

이제까지 미국의 연구공정국을 중심으로 한 대응과 비교해 보면 이 K대학의 조치에 대해 독자들은 몇 가지 의문을 가질지도 모르겠다. 사례 2에서도 지적한 바와 같이 "표절한 당사자의 의사가 명확하게 표명되지 않은" 것은 가장 큰 결함이다. 또 '회수·재발송' 따위의 조치로는 도용 사실이 공식으로 기록되지 않게 된다. 편집자 측은 이 사실을 없었던 것으로 하고 싶었던 것은 아닐까. 과학적이란 용어가 얼마만큼

먼 차원에서 이 도용을 받아들이고 있는지, 편집자는 모름지가 알아차리지 못하고 있는 것은 아닐까. 어떠한 형태로든 기요에 이 사실 관계가 기록되어야 할 것이다.

인문·사회과학 영역의 사례를 망라적으로 수집한 것은 아니지만 사례 2와 사례 3은 젊은 대학원생에 의한 도용이다. 어느 경우나 유통력이 미약해 많이 읽히지 않는 학내 기요를 무대로 한 것이었다.

이 예로부터 "연구 발표 윤리는 대학원의 공통 프로그램으로 교육되어야 할 것"이라고 지적할 수 있다. 그러나 도용 논문에 대한 조치를 보면 "교수 지위에 있는, 대학원생 지도에 책임있는 교원에 대한 교육"의 필요성도 절감한다.

박사학위 매매사건

"박사님이라면 딸을 줄 만 하구려……."

제2차 세계대전이 발생하기 이전 일본에서 박사학위에 대한 사회적 이미지를 표현하는 한 비유이기도 하다. 특히 개업 의사의 경우 병원 간판에 '의학박사'란 명판이 있는 것과 없는 것은 찾아오는 환자의 수에 큰 차이가 있었다고 한다. 사정이 이러할진대 무슨 수를 써서라도 박사학위를 취득하려는 사람이 있는 것도, 또 그에 응하려는 쪽이 있어도 이상할 것은 없을 것 같다. 실제로 뇌물을 받고 의학박사 학위 취득에 편의를 도모했다는 형사사건에 휘말린 의학자가 있었다.

1933년 12월 14일자 『도쿄아사히신문(東京朝日新聞)』(석간)은 '학위 매매가 발각, 나가사키(長崎) 의대교수 수용, 개업의박(開業醫博)도 강제처분'이란 제목의 기사를 가쓰야 신지(勝矢信司) 교수의 얼굴 사진과 함께 게재했다. 또 돈으로 살 수 있는 '박사호(博士號)' 나가사키의대의

『도쿄아사히신문』에 보도된
학위 매매사건 기사
(1933년 12월 14일 석간)

추태라는 표제로 속보를 발행하기도 했다. 나가사키의대(나가사키대학 의학부의 전신)로부터 의학 박사 학위를 수여받은 나가사키, 구마모토(熊本), 가고시마(鹿兒島) 시내 거주의 개업의 5명이 박사 논문 심사 때 뇌물을 주었다는 혐의로 나가사키 지방재판소 검사국에 신병이 구속되어 조사를 받고 또 뇌물을 받은 가쓰야 신지, 아사다 하지메(淺田一), 아카마쓰 슈니(赤松宗二) 등 세 명의 나가사키의대 교수도 가택 수사를 받았다는 것이 기사의 내용이었다. 이 신문을 비롯해 저널리즘은 이것을 '(의학)박사호 매매사건'이라든가 '학위 의혹사건', '나가사키 의대사건' 등으로 호칭하며 연일 크게 보도했다. 이 사건의 중심 인물은 동대학 부속병원장이며 산부인과학교실 교수인 가쓰야 신지였다.

도검(刀劍) 감정료란 명목으로도 수뢰

가쓰야에 대한 개업의, 문하생의 수뢰공작은 1927년부터 시작되었다. 당초는 박사논문의 첨삭, 가필의 사례가 "상식보다 약간 많았다고 운운할 정도"였던 모양이다. 박사논문 심사 직전에 가쓰야 자택에 신청자가 100엔에서 300엔이 든 봉투를 지참했다(1934년 3월 나가사키 지방재판소 예심결정서). 당시 도쿄(신바시[新橋])-오사카(大阪) 간의 운임이 약 6엔 정도였다. 그러나 뇌물액은 이에 멈추지 않고 점차 늘어나기 시작했다.

가쓰야의 도검광(刀劍狂)은 학내외까지도 소문이 나 그것을 안 어떤 인사는 기명(記銘)된 도검을 그에게 가져와 감정을 의뢰했고 그의 안목을 극찬했다. 그리고 가쓰야가 마음에 들어 하면 양도하거나 '감정료'란 명분으로 수십 내지 수백 엔을 건넸다. 또 여행을 즐기는 그의 취미를 십분 이용해 여름이나 겨울 휴가에 운젠(雲仙)이나 다른 유명 온천으로 초대해 가쓰야의 환심을 샀다. 그리고 반상기나 탁자, 주단 등의 호화로운 가구를 선물하기도 했다. 그가 자백한 것만으로 현금 1,450엔과 현물가격 120엔, 요정과 대합실(待合室)에서의 접대 3,000엔 이상이었다. 이것들이 일본형법 197조(공무원의 직무와 관련된 뇌물 수수)에 해당하는 것으로 결정났다. 신문과 잡지에서는 가쓰야에 관한 혐의를 상세하게 보도했지만 아사다(법의학교실 교수)와 아카마쓰(약물학교실 교수)에 관해서는 거의 다루지 않았다.

기소 그리고 사직 – 학내도 큰 소동

이 사건이 신문에 보도되자 곧바로 학내에서도 분위기가 어수선해지기 시작했다. 보도된 당일인 14일에는 임시 교수회가 열리고 학장으로부터 다음과 같은 성명서가 발표되었다.

> 이번 사건은 참으로 유감스러운 것으로 학위 관념에 대한 영향상 매우 당혹스럽다. 본학(本學) 전반의 명예를 위해서도 이 오명은 한 점 누락 없이 불식되기 바란다.

또 조수와 부수 약 100명도 집회를 가져 "관련 교수의 즉시 자결(自決)과 학장의 진퇴"에 관한 결의를 했다. 다음날에는 대학 당국으로부터 사건의 보고가 오지 않는 것에 안달난 문부성도 독학관(督學官)을 파견하기로 결정했다. 동시에 하토야마 이치로(鳩山一郎) 문부상은 "지극히 어렵다"고 기자에게 솔직한 감정을 털어놓았다.

그리고 16일에 가쓰야는 검사국으로 출두하라는 명령을 받았다. 그리고 18일에는 겨우 상경이 실현된 나가사키의대의 고무로 가나메(小室要) 학장이 문부당국, 문부대신과 회견해 사정을 설명함과 동시에 학내 정화를 약속했다.

그러나 사태는 진전해 드디어 19일에는 가쓰야, 아사다, 아카마쓰 세 교수가 우라가미(浦上) 형무소에 수감되었다. 검사 조사에 임해 아사다와 아카마쓰는 질금질금 눈물까지 흘리면서 이전에 저지른 잘못을 뉘우쳤고 소위 눈물작전으로 결국 불기소되었다. 이에 비해 가쓰야는 습관화된 교만 탓으로 검사의 심증을 어지럽힌 결과 곧바로 형무소에 유치되고 22일에 기소되었다. 수뢰사건이 발각되었을 때 내가 당한다면 결코 나만으로는 끝나지 않을 것이라고 호언한 가쓰야였지만 형무소에서도 그런 투의 행동을 보임으로써 "간수의 미움을 받았다"고 한다(일본의사신보, 597호, 1934년).

가쓰야, 아사다. 아카마쓰 세 교수는 15일 오후 책임을 통감하고 하토야마(鳩山) 문부상에게 보내는 사직표를 주임교수에게 제출했다. 다음날에는 학생과 졸업생 대표가 학장에게 전(全) 교수의 사직을 요구하고, 교수들도 긴급 교수회의를 열어 해외 출장 중인 교수를 제외한 16명의 교수 전원이 사표를 제출했다. 그것을 받고 조교수 9명도 사표를 모아 학장에게 제출했다. 또 21일에는 강사 18명, 조수 66명도 사의를 표명하는 사태로까지 발전했다.

교수 16명의 사표를 휴대한 학장은 26일 다시 상경해 문부성에서 저간의 사정을 설명했다. 학장, 차관, 국장과의 연이은 회담으로 이 사표는 문부성이 수리하지 않고 학장이 보류해 학교로 돌아온 후 문부성과의 협의 내용을 교수회에서 설명하기로 했다. 결국 2월 25일까지 가쓰야, 아사다, 아카마쓰 세 교수와 가쓰야의 동생을 포함한 4명의 교수가 사직하고 학장도 경질되었다. 후임 학장은 다카야마 마사오(高山正雄) 규슈(九州)제국대 명예교수로 결정되었다.

사건의 발단

이 사건은 발단에서 약간 변화가 있었다. 나가사키의대 출신으로 시모노세키(下關) 시에 거주하는 개업의가 동 대학에 의학박사 학위청구 논문을 제출했지만 심사를 담당하는 교수들이 교토제대벌(京都帝大閥) 과 도쿄제대벌(東京帝大閥)로 대립하고 있기 때문에 정당한 학위심사를 바랄 수 없으므로 학위심사를 취하하기 바란다는 가처분을 나가사키 지방재판소에 신청했으나 기각되고 말았다. 그래서 나가사키의대에서 의 의학박사 수수의 내막을 표면화했기 때문에 사건으로 발전하게 되 었다. 구태여 이런 문제를 법원에까지 제소할 필요는 없지 않는가라는 소리가 학내외에 있었다. 하지만 이는 박사학위 심사의 내막을 세상에 호소하기 위한 재판이었는지도 모른다.

이 의사는 도쿄제대 출신인 아사다의 지도를 받아 식물신경(오늘날 에 와서는 자율신경이라는 표현이 더 일반적이다)이 긴장할 때에 볼 수 있 는 신체적 표증 및 기질을 제1형, 제2형, 제3형 등 세 가지 형으로 분류 하고, 이 분류형은 나이와 환경 변화에 따라 변할 수 있다고 주장했다. 그리고 중학생 686명에 대해 이 식물신경 긴장형의 조사와 더불어 혈 액형 검사도 했다(나가사키의과대학 법의학교실연보, 4권 1호, 1932년).

12월 14일자 『도쿄아사히신문』(석간)에 의하면 이 개업의는 이러한 연구를 바탕으로 "실험적 위(胃)아토니(atony)에 대해"라는 제목의 논 문을 작성, 학위 청구를 했다. 그러나 논문 심사의 매너판에 올리느냐 않느냐를 결정하는 교수회 석상에서 가쓰야를 비롯한 교토제대 출신 의 교수가 아사다에게 이 논문의 혹평과 폭언을 쏟아냈다고 한다. 그 분위기를 파악한 신청자가 신청 취소의 소를 제기했던 것이다. 1923년부터 나가사키의대 학장은 연속해서 교토제대 출신 교수에 의해 점유되었다. 이 사건이 일어났을 때의 교수(총원은 21명)의 출신교는 교토제대 출신 9명에 대해 도쿄제대 출신이 6명이어서 일이 있을 때마다 대립 양상을 보였다고 한다.

사실 이 숫자에는 매우 무거운 의미가 있었다. 박사학위를 취득하기 위해서는 교수회에 정원 3분의 2 이상의 교수가 참석하고 참석 교수의 3분의 2 이상의 찬성이 필요했다. 당시 나가사키의대의 경우 교수회의 정원이 21명이었으므로 14명 이상의 찬성을 얻으면 박사논문 심사는 통과되었다. 그러나 역으로 말하면 8명 이상의 반대자가 있으면 논문 내용의 여하에 상관없이 박사학위 취득은 불가능했다. 가쓰야 형제, 아카마쓰 등은 교토제대 출신의 힘있는 교수였다 하며, 가쓰야에 동조하는 교수는 적어도 7명이나 되었다. 이 7명에 다른 누군가가 1명이라도 가담해 반대한다면 박사학위 취득은 불가능해질 우려가 있었다.

도쿄제대 출신 쪽은 규슈제대 출신자 2명과 연대한 적이 있었다고 하지만 그래도 숫자상 교토제대 출신 그룹을 이기기에는 역부족이었다. 예를 들면 도쿄제대 출신 교수 문하의 박사논문이 2회 연속 심사에서 불합격되고, 그에 반해 교토제대 출신 문하의 논문은 교수회에서 잘못된 것이 있다는 지적이 있었음에도 불구하고 단번에 심사를 통과해 학위가 수여된 사례가 있다고 한다(『일본의사신보』, 597호, 1934년). 그러므로 이 사정을 아는 사람은 아사다의 문하생일지라도 가쓰야의 안색을 살피지 않을 수 없었으며, 실제로 아시다에게뿐만 아니라 가쓰야에게도 뇌물을 제공한 자가 있었다.

아사다에게는 연구지도의 사례와 논문 심사의 마당에 나아가기 위해, 가쓰야에게는 심사를 무사 통과하기 위한 뇌물이었던 것으로 생각된다.

일본판 줄기세포사건

일본 도쿄대학(東京大學) 대학원 공업계 연구과의 다히라 가쓰나리 (多比良和誠) 교수 파문은 2005년 일본의 과학계는 물론 사회 전반에 큰 충격을 던진 사건이었다. 그가 『네이처』에 발표한 RNA(리보핵산) 관련 논문에 대해 대학원 공업계 연구과는 2006년 1월 27일 "재현성이 없다"는 부정 판정을 내렸다.

다히라 교수는 "결론을 내리기에는 너무 이르다"고 반론했지만 '세계 최첨단'의 성과를 자랑했던 연구 활동의 실태는 실험 기록마저 없는 등 너무나 소홀하고 조잡한 것이었다. 일본 최고 학부를 무대로 한 부정 의혹은 과학 연구에 대한 불신을 증폭시켰다.

입신 출세주의자

다히라 교수는 부정 의혹이 공론화된 2005년 9월 일본 「마이니치(毎日)신문」의 취재에 응해 "실험 데이터가 고쳐졌거나 날조되었을 가능성은 부정할 수 없다"고 말하면서도 "실험은 조수인 가와사키(川崎) 군에게 맡겼기 때문에 나는 실험에 대해서는 잘 알지 못한다"고 되풀이해 주장하면서 교수직 사임은 고려하지 않고 있다고 말했다.

그의 본래 전공은 화학이었다. 고등 전문학교를 졸업한 후에 대학의 기사(技士)로 근무하다가 미국으로 건너가 박사학위를 취득했고, 귀국 후인 1990년경부터 RNA 연구를 시작했다. 1994년에 쓰꾸바대학(筑波大學)과 1999년에 도쿄대학에서 교수로 일했다.

일본 RNA학회 관계자들은 그를 가리켜 "입신 출세주의자, 세세한 일에 구애받지 않지만 야심적이고 다른 사람의 충고에 귀를 기울이지 않는 사람"이라고 평가했다.

그는 일본 산업기술종합연구소에 재직한 바 있으며, 2004년에 이바라키(茨城) 현이 우수한 과학자에게 수여하는 '쓰꾸바상'을 받고는 "젊은 사람들의 모범이 되고 싶다"고 수상 소감을 밝혔다.

신의 손을 가진 사나이

쓰꾸바상을 공동 수상한 가와사키 히로아키 조수는 1995년에 쓰꾸바대학의 박사 과정을 밟고 있던 학생으로, 다히라 교수에게 사사한 이래 2인 3각으로 논문을 양산(量産)해 왔다.

가와사키를 가리켜 "이론 그대로의 실험 데이터를 뽑아내는 신의 손을 가진 사나이"라고 칭찬을 아끼지 않았던 다히라 교수는 RNA에 관한 실험을 가와사키 조수에게 일임했다고 주장했으나 조사 결과 실험 데이터를 기록한 노트는 존재하지 않았다는 사실이 밝혀졌다.

가와사키 조수는 "퍼스널 컴퓨터에 메모 정도는 남겨두었지만, 노트가 실험의 정확성을 증명하기 위해 필요한 것이라고는 생각하지 않았다"고 변명했다.

가와사키 조수를 잘 아는 동료 연구원들은 "논문은 잘 읽었지만, 밤중에 혼자서 실험하는 날이 많았고, 데이터는 언제나 깨끗했다"고 털어놨다.

일본 RNA학회의 초대 회장이며, 자연과학 연구기구의 기구장인 시무라 레이로 교수는 "어느 누구도 실험을 재현할 수 없다. 거기다가 실험 노트마저 없으므로 이것은 과학이 아니라 매직이다"라며 불쾌감을 숨기지 않았다.

또 "논문을 작성할 때에는 자료 데이터를 철저하게 논의하는 것이 상식이며, 부하의 실험 잘못이나 미비함을 체크할 수 있는 사람은 교수뿐이다"라고 비판했다.

다히라 교수는 일본 문부과학성으로부터 매년 3,000만 엔(약 2억

7,000만 원) 정도의 연구비를 지급받았고, 그가 센터장을 맡고 있는 연구센터는 2003~2005년까지 3년 동안 국가로부터 약 13억 엔의 지원금을 받았다.

2개의 기업을 운영하다

다히라 교수는 자신의 연구 성과를 바탕으로 하는 'IGENE' 등 2개의 벤처기업 운영에도 관여하고 있는 것으로 밝혀졌다. 이 회사는 2003년 3월에 설립된 회사로 세포에 인공적으로 RNA를 주입해, 특정 유전자의 활동을 억제하는 RNA 간섭이라는 기술을 응용한 시료 등을 판매하고 있다. 2003년도의 판매고가 7,500만 엔으로 에이즈와 암 등의 특효약을 만드는 것이 목표라고 한다.

또 다른 그의 벤처기업은 의료 관련 회사로 억 단위의 자금을 투자했다고 한다.

"부정은 없다"고 반론

원래 도쿄대학 측이 부정 의혹을 제기한 것은 다히라 교수와 가와사키 조수가 1998년부터 2004년에 걸쳐 전문지에 발표한 논문 12건 때문으로, 그중에서도 비교적 실험이 용이한 4건에 대한 재실험을 요구했다. 그러나 이들은 2건에 대해서만 재실험을 실시했고, 그 결과 논문대로 재현된 것은 한 건도 없었다.

재실험한 2건 중 1건의 결과는 대학 당국에 보고되었지만, 발표한 논문에 기재한 실험 재료를 사용하지 않았거나 실험 계획서와는 다른 재료가 사용되어 도쿄대학 당국은 '재현에 이르지 못했다'고 판단했다.

이 판단에 대해 당사자인 다히라 교수는 "당초의 기술(記述)이 정확하지 못한 실수는 인정하지만 결코 부정은 없었다"고 주장했다.

과학자 윤리강령 제정

도쿄대학 공대 교수의 논문 조작 사건으로 충격을 받은 일본 학계는 2006년 4월 5일 '과학자 행동 규범'을 제정했다. 일본 학계를 대표하는 '일본학술회의'는 일본 내 모든 교육·연구기관과 학술단체에 '윤리강령' 제정을 촉구하면서 조작 의혹에 관한 내부 고발 창구를 설치할 것과 연구자들의 데이터 조작과 도용 시 엄정한 대처를 요구할 것 등을 골자로 한 행동 규범을 만들어 발표했다.

행동 규범은 연구자들이 '정직·성실하게 자율적인 판단에 근거해 행동할 것'을 요구하면서 다음의 수칙을 담았다.

- 스스로 연구의 진의(眞意)와 사회에의 영향을 적극적으로 설명한다.
- 전문 영역에서 연구자 간의 상호 감독에 적극적으로 관여한다.
- 연구비 전용을 하지 않는다.

한편 일본 문부과학성은 '일본판 황우석 사태'로 관심을 모았던 도쿄대 다히라 가즈나리 공대 교수의 논문이 '조작'으로 결론이 남에 따라 그에게 책정된 올해 연구비 보조금을 중단했다고 2006년 4월 6일 『요미우리(讀賣)신문』에 발표했다.

고고학에서의 부정사건

일본의 국수주의적 학자들 중에는 소위 야마토(大和) 민족의 우월성과 우수함을 과시하기 위해 역사와 문화를 왜곡하거나 과대 포장하는 과대망상에 사로잡힌 사람들이 비일비재하다.

현대의 고고학적 증거에 따르면 일본은 그 어디보다 한국과 깊은 관련이 있고, 고분 시대의 몇몇 왕들은 한국의 백제 왕가와 관련된 것으로 밝혀졌음에도 불구하고, 자신들의 단일 조상을 가지고 있으며, 주변 국가인 한국인이나 중국인들과는 아무런 관련이 없다는 '일본인론'을 주장하고 있다.

유적지 발굴을 앞두고 몰래 유물을 묻는 후지무라 신이치

2000년 11월에 터진 후지무라 신이치(藤村新一) 사건은 이러한 국수주의자들의 자존심을 참담하게 멍들게 한, 아니 일본의 모든 지식인을 아연케 한 사건이었다.

사실이 폭로되기까지 후지무라는 일본에서 유명한 재야의 고고학자였으며, 많은 유적지의 발굴을 통해 일본의 역사를 수만 년이나 끌어올린 인물이었다. 그는 1972년부터 고고학을 공부하면서 선사 시대의 고유물(古遺物)을 조사하기 시작했고, 1981년에는 4만 년 전 지층에서의 큰 발견으로 재야의 지도적 고고학자라는 평을 받게 되었다.

그는 일본 전역 180여 지점에서 유물을 발굴했으며, 그때마다 더욱 연대가 높은 유물을 발굴했다. 그래서 어떤 미신적인 사람은 그를 가리켜 "하늘이 내린 손을 가진 사람"이라고 했다. 그의 발견은 여러 교과서와 다른 고고학 논문에 소개되었고, 그 발견에 대해 누구도 의심하지 않았다. 그가 도후쿠(東北) 고석기 시대 연구소의 부소장으로 재직한 것도 그간의 업적을 높이 평가받았기 때문이다.

그러나 일본의 초기 구석기 시대 연구에는 많은 문제(오류)가 있다는 의혹이 오랫동안 퍼져 있었다.

1999년 12월에 이와테(岩手) 현 모리오카(盛岡)에서 열린 회의에서는 초기 구석기 유적지(홋카이도의 소신후도사카 유적지)에 가짜 유물을 묻

죠몽(繩文)토기의 조각들

었을 가능성이 지적되기도 했다. 초기 및 중기 구석기 시대 유적지에서 발굴한 유물의 질(質)에 대한 비판이 오다 쉬주와 찰스 킬리(Charles T. Keally)에 의해 제기된 적이 있다.

이런저런 비판적 여론과 상관 없이 2000년 10월 27일 후지무라와 그의 발굴팀은 기자회견을 통해 미야기(宮城)현(일본 혼슈[本州]의 동북쪽에 위치) 쓰키다테(築館) 근처의 가미다카모리(上高森) 유적지에서 중요한 것을 발견했다고 발표했다. 그것은 57만 년 전의 유물로 일본의 역사를 70만 년 전까지 끌어올릴 수 있는 엄청난 발견이었다.

가미다카모리는 전기 구석기 시대의 유적지로 50~70만 년에 걸친 8세기 또는 그 이상 세기의 문화적 층으로 구성되어 있는 유명한 곳이었다. 여기서 크게 눈길을 끈 것은 가지런히 배열되어 있는 발굴품(석기 유물)들이 아프리카나 유럽에서 발견된 초기 인간(직립인간: Homo erectus)의 것을 뛰어넘는 유물이라는 것이다. 유물들이 진품이라면 인간 진화에 대한 교과서를 다시 써야 할 상황이었다.

2000년 여름의 어느 날, 일본의 『마이니치(每日)신문』은 소문의 진위를 규명하기 위해 조사팀을 구성했다. 그리고 같은 해 11월 23일 후지무라가 가미다카모리 유적지에서 미리 만든 석기 유물을 발굴 예정 장소에 몰래 묻는 장면을 비디오테이프에 담아 보도했고, 다음날에는 9월 6일 새벽 6시 20분 홋카이도의 소신후도사카(總進不動坂)에서 찍은 후지무라의 사진까지 공개했다.

물론 이 사진에서도 후지무라가 가짜 유물을 발굴 장소에 몰래 묻는 모습이 드러났다. 이 장면은 바로 날조 사건의 구체적인 증거를 수집한 첫 단계가 되었다. 조사팀은 가미다카모리 유적지에도 몰래 카메라를 설치하고, 후지무라가 10월에 발굴하는 장면을 녹화했다. 10월 22일 새벽 6시 18분에 후지무라가 유적지에 나타났고, 카메라는 그의 모든 행동을 낱낱이 녹화했다.

같은 날(11월 23일) 후지무라는 기자회견에서 모든 것을 고백했다. 자신은 일본에서 가장 오래된 유물을 발견한 사람으로 기록되기를 원했으며, 홋카이도의 소신후도사카 지역에서 발견한 모든 석기 유물 65개 가운데 61개가 사전에 묻어두었던 것이라고 털어놓았다. 후지무라는 즉각 도후쿠 고석기 시대 연구소 부소장직에서 면직되었고, 이 사건과 관련해 벳부(別府)대학의 가가와 미쓰오(賀川光夫) 교수는 목을 매 자살했다.

이 스캔들로 말미암아 후지무라가 발견한 업적은 모두 믿지 않게 되었다. 당연히 그가 일본 전역에서 발견해 보고한 내용은 위조 문서가 되었고, 고고학 관련 책들도 모두 개정되었다. 이제 후지무라가 발견한 것과 기타 일본에서 초기 및 중기 구석기 시대의 것으로 보이는 모든 고고학적 유적에 대해 매스컴은 의심의 눈으로 바라보게 되었다.

후지무라가 유적지에 문화 유물을 매설한 것에 대해 비난받는 것은 당연하다. 그러나 일본 사회, 특히 학계와 대부분의 고고학자들은 책임을 면할 길이 없다.

일본에서 30년 이상, 이 분야를 연구한 킬리와 같은 서양의 고고학자와 일본의 유적지를 방문한 비(非)일본계 고고학자들은 특히 초기 및 중기 구석기 시대 문제에 흥미를 갖고 있었다. 그리고 발굴품에 대한 평가는 1960년대 초 이후부터 논쟁의 대상이 되어 왔다. 그러나 학술적·과학적 방법으로 접근한 적은 결코 없었다.

세계의 모든 사람은 대부분 70만 년 전에 북부 중국에 인간이 살았다는 것을 받아들이고 있다. 그 이후 인간은 계속 북부 중국을 점령하며 살아왔다. 일본은 70만 년 전, 적어도 두어 번 대륙과 연결된 적이 있었다고 한다. 연결되어 있는 동안 포유동물이 일본 섬으로 이동했을 것으로 믿고 있다. 그리하여 초기 및 중기 구석기 시대에 인간이 있었을 가능성은 희박한 것으로 생각하고 있다. 확고한 과학적 증거를 요구하는 증명은 지금까지 밝혀진 것이 없다.

초기 및 중기 구석기 시대 유적지를 찾고 발굴하는 고고학자들은 유물을 조심스럽게 다루지 않는다는 비판을 받아왔다. 그들은 날카로운 비평을 무시하려는 경향이 있고, 심지어는 비판에 냉소적이다. 지질학 전문가들의 의견과 유적지의 지질학적 고증을 위한 물질의 절대 연대 측정과 이렇게 해서 얻은 연대의 정당성에 대해 가볍게 처리하는 경향이 있다.

물론 일본에도 지질학자들이 있지만 유적지의 환경을 조사하고 연구하는 학자들은 드문 편이다. 또한 석질(石質)로 이루어진 물질의 공급원을 심층적으로 연구하지도 않는다.

일본은 오늘에 와서야 교육개혁을 논의하고 있다. 특히 대학의 교육개혁을 집중적으로 논의하고 있다. 모든 사람이 익히 알고 있는 사실이지만 대학은 교육받은 졸업자만 배출하는 곳이 아니다. 특히 일본 고고학자의 약 절반은 학사학위만을 가지고 있다. 학사학위 이상의 학위를 지닌 학자라도 고고학 안에서만 교육을 받았을 뿐이다.

고고학과 깊은 관련이 있는 모든 다른 과학과의 학제간 교육은 전혀 받지 못하고 있다. 고고학자들은 지질학, 절대연대 측정 방법, 생물학, 문화인류학 및 다른 학문 등을 이수하지 못했으므로 생각과 시야가 좁을 수밖에 없다. 이렇게 좁고도 근시안적인 교육이 초기 및 중기 구석기 시대 유적지 문제를 일으킨 원인일 수도 있다.

처음으로 돌아가 후지무라는 단지 2곳, 즉 가미다카모리 유적지와 소신후도사카 유적지에만 인위적으로 만든 가공물을 묻었다고 시인했다. 그러나 일본의 초기 및 중기 구석기 시대 유적지에 관한 출판물을 살펴보면 후지무라가 작업한 초기 및 중기 유적지는 거의 모든 것이 조작된 것으로 보인다. 후지무라가 작업하지 않은 몇몇 유적지도 문제가 많다. 3만 5천 년 전에는 일본에 사람이 산 흔적이 없기 때문이다. 중기 및 초기 구석기 시대의 일본에 사람이 살았다는 확실한 증거는 전혀 없는 것이다.

미국에서 고발당한 사례

과학자의 부정행위는 연구 경쟁이 치열한 미국 과학계에 특징적인 현상은 아니다. 이 문제에 관심을 갖게 된 것은 미국의 연구공정국이 밝힌 "세 명의 일본인 연구자가 미국 유학 중에 야기한 사례 보고를 발견했기 때문이다. 이 사례들은 일본 국내에서 발생한 것이라면 틀림없이 대수롭지 않은 것으로 간주되어 아무런 물의 없이 지나갔을 것이다.

아이오와대학교에서 내과 연구자의 사례

일본 국내에서 발생한 부정행위 사례는 신문 보도 등을 통해 알 수 있지만 그 사례들에 대한 지속적인 검토는 이루어지지 않고 과학계로부터의 어떠한 대응도 없는 것이 예사이다. 즉, 일과성의 사건으로밖에 보도되지 않고 곧 잊혀지게 된다.

의혹의 대상이 된 연구자가 몸담고 있는 대학 등에서도 학내에 심사위원회를 설치하거나 하지만 심사의 결과를 발표한 바도 없고, 식어갈 무렵에는 슬그머니 해산하고 만다. 학내에 대해서까지 공적인 발표를 하지 않고 매듭을 짓는다. 자기를 자신의 문제로 받아들이지 않고 외부 사람들에 의한 과학계의 비난으로 간주해 "어떻게 넘어가느냐" 하는 태도만을 엿볼 수 있다.

그런만큼 해외에서의 부정행위자 리스트에 일본 사람의 이름이 기재되어 있다고 해서 크게 놀랄 일은 아니다. 다음은 일본인 과학자와 웰스(F. Wells)와 야마시키 시게아키(山崎戊明)가 그의 저서 『과학자의 부정행위: 날조·위조·도용』(2002)을 통해 밝힌 미국 아이오와대학교에서의 어느 내과 연구자의 사례이다.

당초 해외에서의 부정행위자 리스트에 일본 사람의 이름을 발견했을 때는 무척 놀랐다고 한다. 로크(S. Lock) 박사가 종합한 단행본 『의학 연구에서의 부정행위(Fraud and Misconduct in Medical Research)』의 초판(1993년)에서 일본인 A박사의 이름을 발견한 것이다. 다음의 작은 기사가 탐구의 시작이었다.

> 아이오와대학교 의학부에서의 내과학 상급 연구원이었던 A박사에 대해 연구 데이터의 날조가 대학 당국의 조사로 발견되었다. 동 박사는 대학에서 본격적으로 부조조사가 진행되었을 때는 이미 일본으로 귀국했지만, 최종적으로 미국에서의 3년간 연구지원금 신청과 훈련 지원 금지가 요청되었다.

또한 연구자 인명록을 중심으로 조사한 결과 저명한 대학 의학부에 소속하는 연구자의 이름을 발견했다. 그러나 동성 동명과 이미 연구 세계를 떠났을 가능성도 높았다. 의학 분야의 대표적인 문헌 데이터베이스인 메드라인에서 1980년대 전반을 대상으로 '저자명'과 '아이오와대학교'를 검색해 보았다. 결과는 아무것도 없었다. "부정행위의 조사가 완료되기 전에 귀국했다"고 했으며, 아이오와에서는 논문을 쓰지 않았는지도 몰랐다. 인명록에서 본 그(A박사)의 연구 테마와 저자명으로 검색을 반복해 보았다. 심장 연구에서 일류지에 집필한 메이요 클리닉의 연구자와의 공저 논문이 몇 편 검색되었다.

그는 스캔들로서 이 사건에 관심을 가졌던 것이 아니라, 사실로써 어디까지 밝힐 수 있는가, 어떠한 문제가 가로놓여 있는가를 알기 위해서였다. 그러나 이 시점에서는 그 이상의 새로운 전제는 어려웠다.

다시 세월이 흘러 『의학 연구에서의 부정행위』는 1996년에 제2판이 발간되었으며 거기에 새로운 일본 사람의 이름이 기재되어 있었다.

이 무렵부터 인터넷에 의한 디지털 정보가 제공되기 시작해 로크 박사의 정보원(情報源)이었던 『ORI뉴스레터』도 미국 연구공정국의 홈페이지에서 이용할 수 있게 되었다. 그는 이 홈페이지를 검색한 결과 세 번째의 일본인 이름을 뉴스레터에서 발견했다.

그는 이 뉴스레터를 꼼꼼하게 읽다가 "부정행위 사례의 좀 더 상세한 자료를 입수할 수 있다"는 문장을 발견했다. 그래서 1997년 10월 8일, 연구공정국 조사담당부(Division of Research Investigation) 앞으로 이들 세 명의 일본인 사례에 대해 "좀 더 상세한 자료를 입수하고 싶다"는 문의의 편지를 보내 보았다. 10월 21일자로, 공중보건국에 소속하는 정보자유국으로부터 회신이 도착했다. 그 회신의 내용은 다음과 같은 내용이었다.

- 상세한 문서를 제공할 수 있다.
- 문서를 우송할 때 상용(kategorie Ⅰ)인가 그 이외(kategorie Ⅲ)인가를 알려주기 바란다.
- kategorie Ⅲ이면 100페이지까지 무료

이렇게 하여 그는 연구공정국이 조사한 일본인 사례에 대한 정식 조사문서를 입수했고, 그 문서에 제시되어 있는 관련 문서를 다시 요청했다. 최종적으로는 1999년 8월에 아이오와대학교의 정식 조사 경과보고서의 전문(全文)을 포함해 개요를 모두 추적할 수 있는 자료를 입수했다.

일본인 A박사에 관해 아이오와대학교가 연구공정국에 정식으로 보고한 조사보고서였다. 그 보고서는 2페이지에 불과한 짧은 것이었지만 상황이 간결하게 제시되어 있으므로 여기 소개한다.

아이오와대학교의 정식 조사 경과 보고서

From Julia A. Mears(의학부장 비서)
To David S. Badman(과학공정국)
1990년 1월 9일

A박사에 관한 좀 더 상세한 정보에 대한 요청(request)에 회답하기 위해 나(미어스)는 이 편지를 쓰고 있다.

A박사는 1988년부터 1989년 사이 아이오와대학교 의학부 내과학교실의 작고한 마커스(Melvin L. Marcus) 교수 연구실에서 상급 연구원으로 연구에 종사했었다. A박사는 미국 국립보건원 지원금(No. HL32295)을 받아 연구를 했었다.

1989년 5월 말 X(역주: 고발자는 먹으로 지워져 있다)는 A박사의 연구보고서와 조사 데이터에 대해 마커스 교수와 함께 불신을 감지했었다. 5월 25일 혹은 26일에 마커스 교수는 A박사의 데이터와 보고서에 관해 이야기를 나누었다(이하 5행 말소).

내부에서의 논의 결과 마커스 교수는 X씨에게 A박사의 조사 데이터에 대해 상세하게 점검하도록 지시했다. X는 점검을 하고, 5월 29일부터 그 주의 전반에 이제까지 알게 된 내용에 관해 마커스 교수와 논의했다.

X는 연구실에 보관된 실험 데이터 중 몇 개는 같은 것이었지만 A박사에 의해 보고된 데이터와 합치되지 않는 것이 있음을 발견했다. 그림에 표시된 다른 데이터에도 더욱 중대한 의문이 나타났다. 그 그래프는 많은 개개의 실험으로 항상적(恒常的)인 일정한 효과를 시사하는 듯한 미소혈관의 확장에 미치는 어떤 물질의 효과에 관한 데이터를 보고하고 있었다.

실험 전체의 거듭된 검증의 결과 항상적인 일정한 효과의 존재는 확인할 수 없었다.

1989년 5월 말에 예비적인 검토와 논의가 있었다. 이 시점에서 마커스 교수는 이미 일본으로 귀국한 A박사에게 그(A박사)가 실험한 데이터에 관심을 갖고, 실험 결과를 집중적으로 점검하고 있음을 전화로 이야기했다. 마커스 교수는 또 아이오와에서는 입수하지 못하고 있는 오리지널한 데이터 기입 시트 몇 개를 자신에게 보내주도록 A박사에게 요청하고, 또 X가 A박사의 실험 일부를 추시하고 있다는 사실도 알렸다. 6월의 첫주에 X는 A박사에 의해서 실시된 3종류의 실험을 추시했다. 셋 중의 한 결과는 A박사에 의해 보고된 것과 같았다. 그러나 다른 둘에서는 결과가 다른 것이었다.

이 시점에서는 A박사가 보고한 데이터에 대한 의혹은 A박사와 논의를 해 보아도, 실험을 추시해 보아도 의혹은 해결되지 않았다. 마커스 교수는 다시금 일본에 있는 A박사에게 전화해서 실험을 재현할 수 있다면 이 문제를 해결할 수 있으므로, 아이오와대학교에서 A박사의 방미 비용을 부담할 테니, 실험실 스태프를 지원하기 위해 아이오와로 되돌아올 것을 제안했다. 그러나 A박사는 그 제안을 받아들이지 않았다.

1989년 6월 7일, X는 추시를 시도한 실험의 상세를 논의하기 위해 A박사에게 전화를 걸었다. 이날 후에 A박사는 마커스 교수에게 전화를 걸어 "자신의 논문과 학회 발표 초록에서 몇 개 데이터를 허위 보고했다는 사실"을 시인했다. 마커스 교수는 "A박사의 실험이 기재되어 있는 학회 발표용의 초록과 논문은 취하되어야 한다"고 알렸다.

A박사는 미소혈관 확장에 쓰이는 어떤 물질의 영향과 관련된 일련의 실험을 했는데, 그에 관한 데이터 몇 개를 보고 때에 그 물질의 영향에 대한 그의 가설을 지지하는 데이터만을 선택하고 가설과 합치되지 않는 데이터를 계통적으로 보고에서 제외했던 것이다. A박사는 1989년 6월 7일에 마커스 교수에게 전화를 걸어 부정행위를 시인했다. 그 내용은 7월 14일에 받은 편지로 확인되었다.

마커스 교수는 A와 전화로 나눈 대화를 X에게 보고하며 "이미 부정이 명확하게 밝혀졌으므로 A박사의 결과를 추시할 필요가 없다"는 것을 알렸다. 다음날인 6월 8일 마커스 교수는 내과학교실 주임교수인 아보드(F. M. Abboud) 교수에게 이 내용을 보고했다. 6월 9일에 아보드 교수는 의학부장인 엑스테인(J. W. Eckstein)과 나에게 어떻게 대처할 것인가를 논의하기 위해 면회를 왔다. "A박사가 연구에 참가한 프로젝트 논문은 모두 취소되어야 한다"는 결론에 이르러 이 처리는 1989년 6월 13일에 집행되었다.

엑스테인 의학부장은 이 사건과 관련된 모든 것을 검토해 조언하도록 아보드 교수, 마커스 교수, 병리학 교수이며 의학부 부학부장이기도 한 아첸브레너(C. Aschenbrener) 교수, 그리고 나(Mears)에게 그것들을 부탁했다. 우리는 A박사가 시인한대로 "아이오와대학교의 연구윤리 규약을 위반했음이 틀림없다"고 진언했다. 우리는 A박사가 이미 아이오대학교에 소속되어 있지 않기 때문에 대학의 징계 제도 대상이 아니라는 점도 고려했었다.

엑스테인 의학부장은 1989년 6월 28일에 A박사의 부정행위에 대한 그의 판단을 A박사에게 전달했다. 1989년 7월 3일 엑스테인 의학부장은 메이요 클리닉에서 A박사의 스승이었던 반호테(P. Vanhoutte) 교수, 그리고 A박사가 아이오와대학교를 떠난 후에 돌아온 연구실인 일본의 X대학 N교수에게 메이요 클리닉에서의 A박사의 이전의 연구에 대해 어떠한 경위로 부정행위라고 결정했는가에 대한 보고를 했다. 1989년 7월 5일에 나는 과학공정국(OSI)의 킴스(B. Kimes) 씨에게 그 사실을 알렸다.

Sincerely,

Julia A. Mears

Assistant to the President

이 보고서는 아이오와대학교 의학부장의 비서인 줄리아 미어스(Julia A. Mears)로부터 과학공정국의 데이비드 바드만(David G. Badman) 박사에게 보낸 것이다. 이 짧은 보고서는 연구공정국의 전신인 과학공정국에 의한 것으로, 고발 조사의 방법, 처리 절차, 보고 스타일 등, 당시는 현재와 같은 정식화(定式化)가 되어 있지 않았다. 그 때문에 이 경과 보고서는 아이오대학교 의학부장으로부터의 회신이 아닌 비서가 정리한 형식으로 되어 있다.

이 조사보고서에 거명되었던 메이요 클리닉의 반호테 교수와 A박사는 미국 심장병 분야의 일류지에 공저(共著)로 많은 논문을 발표한 사이였다. 이 문서를 통해, 아이오와대학교의 마커스 교수가 소속 교실의 A박사로부터 날조 의혹의 고발을 받고 어떻게 대처했는가를 명확하게 알 수 있다. 마커스 교수는 귀국한 A박사에게 전화해 추시를 위해 아이오와대학교에 초청하겠노라고까지 제안했다. 이 사건에서 마커스 교수에게는 "사실을 숨기려고 하는" 자세는 전혀 찾아볼 수 없었다. 아이오와대학교의 의학부장도 직접 일본에 전화해 최종 결과를 A박사의 지도교수에게 전하고 있다.

그는 이러한 문서들을 읽으면서 과학이라는 사실에 바탕해, 미지의 문제에 접근하는 접근 방법이 여기에 제시되어 있는 것 같은 느낌이었다고 했다. 부정행위는 어디서나 있을 수 있겠지만 그것을 둘러싼 대응은 일본과 미국이 크게 다르다.

A박사 아이오와대학교 의학부 내과학과의 마커스 교수에게 개인적인 사죄를 남겼다(1989년 6월 11일부).

　친애하는 메르, 나는 자신의 잘못(miskake)으로 폐를 끼치게 되어 진심으로 죄송합니다. 아이오와에서는 짧은 체재 기간 어려운 목표, 그리고 예비실험을 위해 소비한 수개월 등, 조급했던 이유는 여러 가지 있었습니다만 잘못을 정당화할 수 있는 이유는 전혀 없습니다. 나는 자신의 연구와 논문에서 실행한 내용을 여기에 보고드립니다……"

이렇게 시작된 문장은 다음과 같은 말로 끝을 맺었다.

나는 마음속으로부터 감사의 뜻을 표명하는 바입니다. 그리고 만약 당신이 연구를 계속할 수 있는 최후의 기회를 주신하면 그보다 더 큰 기쁨은 없을 것입니다.

이 사죄문에는 연구를 지속해 나가고 싶어하는 A박사의 의도가 솔직하게 표현되어, 사실 관계가 정확하게 정리되어 있었다. 그러나 이와 같은 한결같은 연구심의 연장에 날조사건이 결부되어 있었던 것도 사실이며, 여기에 이 문제 해결의 어려움이 있다. 또한 A박사는 그 편지에서 '잘못'이라 표현했지만 이것은 정확하지 않다. 명백한 의도적 부정행위이기 때문이다.

1999년 학회에 참가하는 길에 A박사가 소속되어 있는 대학을 방문했다고 한다. 도서관에 학내지와 동창회지 등이 소장되어 있다면 관계되는 정보가 있을지도 모른다고 생각해서 조사해 보기로 했던 것이다. 유학기 등의 에세이와 교실의 활동 소개 등, 어딘가 육성에 가까운 문구를 찾아 나갔다. 의학부의 캠퍼스 시의 북동부에 있고, 해변 가까이 광활한 곳이었지만 어딘가 살풍경한 느낌이었다고 했다. 도서관을 방문해 학내지의 이름을 확인하고 서가에 늘어놓은 제본 자료를 찾아보기도 했다 한다.

1988년의 소속 교실 소개 기사에 의하면 교실 소속자는 50명을 넘었고 해외 유학자도 10명 재적했으며 연간 40편에 이르는 영문 원저 논문을 간행했다고 한다. 이와 같은 숫자로 미루어보아 그는 A박사가 활발한 연구 활동을 지속하고 있는 모습을 짐작할 수 있고, 더 높은 지위를 획득하기 위해서는 우수한 국제지에 영문 논문 발표가 요구되며, 교실 안에서의 경쟁도 치열했을 것으로 믿어졌다고 한다.

일본인 간염 연구자의 사례

로크 박사의 책에는 성(姓)의 일부가 표기되어 있었으나 『ORI뉴스레터』(Vol. 1, No.4, September 1993)에는 정확하게 표기되었던 B박사의 사례를 소개하겠다. B박사는 미국 국립보건원(NIH)에 소속하는 국립 알레르기·감염증연구소의 방문연구원(1991~1993)으로, 연구에 종사하면서 간염 바이러스를 대상으로 한 분자생물학적인 연구 데이터 일부를 날조했다는 의혹을 사고 있었다.

B박사의 실험 노트에서는 결과를 지지하는 데이터가 발견되지 않았지만, 최종적으로 B박사는 '날조' 사실을 시인했다. B박사는 일본에 있는 어느 교수로부터 그의 지도교수가 췌장 종양으로 병상에 있던 1991년에 일본을 떠나 유학한 사실을 정당화하기 위해서도 논문을 발표하라는 요구를 받았으며, 그것을 압력으로 느끼고 있었다. 동시에 국립보건원에서의 연구를 바탕으로 논문을 출판하는 것이 지도교수의 죽음에 보답하는 것이라고 생각하고 있었다.

일련의 실험 프로세스 중에서 날조된 조사 결과는 이 시점에서는 학술논문으로 발표되지는 않았다. 최종적으로는 1993년 9월부터 2년간 정부 자금의 조성과 계약 연구에서 자신을 제외하는 것을 내용으로 한 '자발적 제외 동의서(voluntary exelusion agreement)'에, B박사는 연구공정국과 합의해 서명을 했다.

『과학자의 부정행위』를 쓴 야마사키가 입수한 보고서는 부록 자료를 포함해 74페이지에 이르는 것이었다. 고발한 계기는 1993년 1월 시점에서 B박사의 상사이면서 간염 바이러스 연구 분야의 상급 연구원인 밀러(R. Miller) 박사에 의한 지적처럼 전문적인 실험 내용의 잘못을 찾아낼 수 있는 사람은 전문이 같은 연구자뿐이다. B박사는 아직 실행하지도 않은 시험의 결과를 날조한 것이었다.

B박사는 1993년 1월 6일에 세포에 도입된 유전자의 전사활성(轉寫活性)을 측정하기 위한 CAT 분석을 끝낼 수가 없었다. 그 이유는 실험에 사용하는 '신틸레이션(scintillation) 용액의 재고가 없었기' 때문이었다. 보충될 때까지 기다리려면 2~3주간 실험이 지연될 수밖에 없었다. 그래서 1월 7일의 실험 노트에 CAT 분석을 통해 예측될 것으로 믿어지는 실험값을 오토라디오그램(autoradiogram) 필름과 이제까지의 실험을 참고해 기입하기로 하고, 박사는 다음 실험으로 진행했었다.

이때의 부정행위 조사는 먼저 국립알레르기·감염증연구소, 다음에 국립보건원, 이어서 연구공정국의 조사로 진행되었다. 관련 연구자에 대한 인터뷰를 중심으로, 실험 노트를 바탕으로 하는 검색과 실험 데이터에 대한 통계 전문가의 해석 등, 사실 관계와 발언이 기록되었다.

1월 25일에 밀러 박사를 중심으로 한 추구를 받고 B박사는 진실을 모두 고백했다. 1월 27일 국립알레르기·감염증연구소의 연구부장이었던 갈린(J. T. Gallin) 박사는 사안의 중요성을 강조하며 "심리 카운셀링을 받아보면 어떻겠는가"라는 충고까지 했다.

4월 16일에 연구공정국의 조사 분야 담당팀에 의해 고발 당사자인 밀러 박사와 고발을 당한 B박사에 대해 사정 청취가 있었다. B박사는 모든 것을 솔직하게 이야기했고 밀러 박사를 포함한 연구팀의 멤버가 "문제된 실험 이외는 모두 아무런 하자가 없었다"고 증언했다. B박사는 갈린 소장에게 보낸 손수 쓴 사죄문에서 자신의 행위를 잘못(mistake)이라는 말로 표현했지만 그것은 '허위(lie)'였다는 것도 인정했다.

또 3월 18일자로 국립보건원 부연구소장에게 보낸 편지에서 갈린 박사는 "B박사가 1993년 8월에 일본으로 귀국하기까지 현재의 방문연구원으로서 연구를 계속할 것을 허가해야 한다"고, 간염 바이러스 연구 분야 멤버들의 의향을 존중한 관대한 처리를 권고하고 있다.

B박사는 귀국 후 국립알레르기·감염증연구소에서의 연구 성과를 고발자인 밀러 박사를 포함한 연구팀과의 연명으로 1994년의 『바이롤로지(*Virology*)』지에 발표했다. 즉, 동료들은 B박사를 용서한 것이다.

이 사례에서는 신틸레이션 용액의 재고 품절로 인한 연구 지연을 어떻게든 피하기 위해 B박사는 실험값을 예측값으로 대치한 것이다. 그러나 부정행위 조사 과정에서 그 외의 실험은 모두 하자가 없었던 것이 인정을 받아 최종적으로는 관대한 조치로 귀결되었다. B박사는 연구 성과를 서두른 나머지 '부정행위라는 함정'에 빠졌다고 할 수 있다.

다나하버 암연구소에서의 사례

하버드대학교 다나하버 암연구소에서의 일본인 방문연구원(C박사)의 사례가 『ORI뉴스레터』(Vol. No. 2. March 1996)에 게재되었다.*

『유럽분자생물학지(*EMBO Journal*)』에 발표된 C박사의 논문 정정은 독자들의 편지를 게재하는 동지의 투고란에서 널리 보도되었으며, 『ORI뉴스레터』 같은 눈에 띄기 힘든 잡지에 게재된 것은 아니다. 또 이 논문의 접수는 1994년 6월 14일이었고 정식으로 수리된 것은 10월 14일이었으며, 정식으로 수리된 것은 10월 14일, 그리고 게재된 것은 1995년 1월 발행의 14권 2호였다.

C박사는 연구공정국의 조사 결과를 받아들여 "1995년 11월부터 3년간 연방정부와 주에 의한 연구지원금에서의 제외, 공중보건국의 관계위원회 등에 참가하지 않는다"는 것을 자발적 제외 동의서에 수락했

---

* 『의학 연구에서의 부정행위』에는 실려 있지 않지만 알트만과 헤르논(E. Altman & P. Hernon)의 *Research Misconduct*(Ablex Publishing, 1997)에는 부록 자료가 게재되어 있다.

다. 또 이 자발적 제외 동의서에서는 연구 활동을 포함한 것이 아니라면 C박사가 의학생, 레지던트, 임상의로서 임상의학 교육과 임상에 종사하는 것을 금지하고는 있지 않다.

『ORI뉴스레터』에서는 간결한 기재였으나 다나하버 암연구소에서 연구공정국에 제출한 최종 보고서에는 "이 사례가 C박사의 의도적인 부정행위이며, 연구소 내에서 위조가 지적되어 이미 발표한 분자생물학의 일류지인『유럽분자생물학지』에 게재한 논문을 수정하기까지 발전했다"는 것이 상세하게 제시되어 있었다.

자발적 제외 동의서에는『유럽분자생물학지』에 30일 이내 정정 편지를 보내겠다는 약속도 포함되어 있으며, 제10항에서는 이 동의서 내용을 연구공정국의 통례로 사회에 널리 공고한다는 것도 기재되어 있다. 단, 뉴스레터의 부정행위 사례에 대한 요약에서는 이 사례의 심각성은 전하고 있지 않다. 하지만 정보자유국에서 얻은 연구공정국에 의한 조사문서를 읽어보면 사태의 중대성을 느끼지 않을 수 없다.

1995년 6월 29일자의 최종 보고서를 바탕으로 상황을 정리해 보자(이 보고서에서 직접 고발자에 관련되는 부분은 먹으로 지워져 있다).

1995년 1월 X(고발자)는 다나하버 암연구소의 연구 발표 활동을 지원하고 있는 메디컬 아트 분야에 제출된 C박사의 오토라디오그래프의 띠구조인 밴드 하나가 인위적으로 강조되고 있음을 발견했다. X는 이 사실을 연구관리부장인 콜베트(W. M. Colbett)에게 보고했다.

1월 19일 콜베트 부장은 C박사가 소속하는 혈액종양연구실장인 제임스 그리핀(James D. Griffin) 박사와 논의하고, 그날 저녁 그리핀 박사는 C박사와 면담했다. 그 자리에서 C박사는 그림 1A의 오토라디오그래프의 밴드 하나를 의도적으로 강조한 사실을 시인했다. 그러나 그밖의 오리지널 데이터에 대해서는 개변(改變)을 부정했다.

1월 20일 아침, 그리핀 박사와 콜베트 연구관리부장이 만나 C박사의 그 밖의 슬라이드, 오토라디오그래프, 프린트 등을 점검했다.

1월 23일, 혈액종양 연구 분야의 발표회에서 C박사의 연제(演題)가 예정되어 있었지만 그리핀 박사는 C박사의 발표 결과를 지시하는 오리지널 데이터를 주의깊게 검토한 후, 그림 1A로 표시된 슬라이드를 발표하지 않도록 조언했다. 그리핀 박사는 발표회의 저녁 무렵, C박사가 그의 혈액종양 분야에서 행한 연구를 바탕으로, 이미 발표한 두 논문과 그에 대한 오리지널 데이터를 점검해 보았다. 그 결과 『유럽분자생물학지』에 발표한 원고의 그림 2A가 원(原)데이터와는 다르며, 3개 밴드가 오리지널의 면역 세포보다도 검게 표시되어 있음을 알았다. 이 그림 2A는 C박사가 발표용 슬라이드로 준비했던 그림 3A와 그림 3B에 대응한 것이었다.

1월 24일, 연구소장인 월쉬(C. T. Walsh) 교수를 포함한 주요 책임자, 연구실장인 그리핀 박사 및 C박사로 구성된 심사 패널(panel)이 개최되어 C박사는 부정행위를 시인했다.

심사 패널은 그림 1A와 그림 2A의 각 밴드 하나를 의도적으로 강조했고, 그림 3B의 면역아세포의 프린트상에 있는 3밴드를 인위적으로 강조했다는 결론에 이르렀다.

조사 패널은 회원 일치로 "C박사가 다나하버 암연구소, 하버드대학교, 공중보건국 등의 윤리 규정을 위반했으며, 또 "C박사의 행동은 의도적인 것이었다"는 결론을 내려, "C박사와 동 연구소 간의 계약은 6월 30일에 끝나지만 계속하지 않도록" 권고했다.

그리고 C박사에 의해 그림 2A의 위조가 『유럽분자생물학지』 논문의 결론을 근본적으로 변화시킬 정도로까지의 영향은 없었다고 판단해 논문의 철회가 아니라 그림 2A의 정정을 동지 편집위원장에게 요청하도록 권고했다.

"C박사가 자진해서 위조한 이유는 다음과 같다"고 패널은 끝맺었다.

- 연구소 내의 연구 발표까지 추시를 할 시간이 없었다.
- 청중에게 연구 결과를 명확하게 제시하지 않았다.
- 실험이 기술적으로 정확하게 실시된 사실을 제시하지 않았다.
- 과거 오리지널 데이터를 개변한 적이 있었다.
- C박사의 견해에 따르면 위조는 연구에서 얻은 근본적인 과학적 결론을 변경시키는 것은 아니었다.

C박사는 실험의 결론을 좀 더 명확하게 제시하기 위해 데이터를 가공(cooking)했으며 "위조나 날조는 아니다"라고 생각했던 것이다. 또 데이터 가공은 결론을 변경시킬 만한 것은 아니며, 결론을 좀 더 선명하게 나타내기 위한 것이지 부정행위라고는 생각하지 않았다. 그러나 C박사는 '의도적으로' 수정을 가했고, 그것은 실험 데이터의 원칙적인 취급에서 크게 벗어난 행위이다.

패널은 C박사가 의도적(incentive)이었다는 것과 자기 행위의 중대성을 충분히 이해하지 못했던 사실을 엄격하게 비판하고 있다.

패널의 최종 보고서에 C박사와 패널 멤버 간의 논의가 기록되어 있으며, 그 일부에 C박사의 전문기술과 교육에 대해 기재된 부분이 있었다. 거기에는 "C박사는 연구 발표와 논문 집필 능력이 뛰어나 연구자로서 높은 기술적 능력을 가지고 있으며 완전주의자"라고 기재되어 있었다.

이 최종 보고서에 대해 패널 멤버의 한 사람인 설리반(C. B. Sullivan)에게 보낸 C박사의 편지(1995년 6월 15일자)를 그는 읽을 수 있었다.

최후에 1~2행이라도 좋으니 내 자신이 자행한 사실에 대해 깊은 반성의 뜻을 나타내는 말을 삽입하기 바란다. 그것은 이 최종 패널 보고를 읽는 사람이 내가 얼마만큼 후회하며 유감스럽게 생각하고 있는가를 아는 데 중요하기 때문이다.

패널의 최종 보고서를 읽고 일본 연구 풍토에서는 별로 존재하지 않을 만한 사실을 규명하고야 마는 과학정신을 C박사는 자기의 부정행위를 통해 하버드대학교 다나하버 암연구소에서 배웠을 것이다.

유럽 및 기타 여러 나라의 주요 부정 사례

피셔 사건

이 사건의 경위는 대략 다음과 같다. 1993년 4월 『ORI뉴스레터』(Vol. 1. No. 2)는 캐나다 몬트리올 소재 성루크병원에서 유방암의 임상시험 데이터에 날조가 있었다는 사례를 보도했다. 그리고 같은 해 6월 21일 에 『미국 연방정부 관보(Federal Register)』에도 연구공정국이 푸아송(R. Poisson) 박사의 부정행위를 공고했다. 푸아송이 일부 데이터를 담당한 '유방암·대장암 치료에 관한 임상시험 연구 프로젝트(National Surgical Adjuvant Breast and Bowel Project: NSABP)'의 재분석을 계획하고 있 다는 내용이었다. 그러나 이 사실은 약 9개월 후인 1994년 3월 13일 『시카고 트리뷴』의 크루드슨(J. Crewdson) 기자에 의해 '유방암 연구에 서의 날조'라는 기사로 나오기 전까지는 사람들의 관심을 끌지 못했다.

날조 사건에 대한 신문 보도의 영향은 바로 나타나 "유방암 임상시 험 프로젝트에 참가하는 사람이 급감하는 원인이 되었다"고 암 전문가 는 말했다. 많은 여성이 연구자, 임상시험, 그리고 조사 결과에 대해 의 문을 품게 되었다. 또한 '유방 전체를 절제하지 않고 종양만을 제거한 다'는 유방 부분 절제술(lumpectomy)의 새로운 권장 치료법에도 의문을 품게 되었다. 연구자들 세계에 대한 회의로 인해 결국 의료의 신뢰성을 무너뜨리는 단계에까지 이르게 된 것이다.

「ORI뉴스레터」에는 '유방암·대장암의 치료에 관한 임상시험 연구 프로젝트'의 연구 조사 데이터의 날조에 관한 고발이 제출되어 있었다. 이 프로젝트의 연구 대표자는 피셔(B. Fisher) 박사였다.

부정행위가 발견된 것은 '똑같은 환자의 데이터가 복수로 존재'한 데서 비롯되었다. NSABP 프로젝트의 조사 데이터 매니저가 성루크병원의 유방암 임상시험에 참가한 수술 기록에서 수술 일자를 제외한 모든 데이터가 동일하다는 사실을 발견한 것이 사건의 발단이었다. 매니저가 부정의 파급 범위를 조사하기 위해 성루크병원의 데이터에서 다시 샘플을 받아 재조사한 결과 병원의 기록과 NSABP에 보낸 기록 사이에는 에스트로겐 수용체의 값과 날짜가 일치하지 않는 것이 5건이나 발견되었다. 성루크병원에서는 1977년부터 1991년 2월까지 이 임상시험에 환자 1,504명의 데이터를 제공했었다. 다음 단계의 조사에서 그 모든 데이터를 다시 점검한 결과 115건의 데이터 날조와 위조가 밝혀졌다.

임상시험에 제공된 데이터와 병원의 환자 기록 간의 차이를 중심으로 광범위한 면담이 진행되었다. 우선 책임 연구원인 푸아송 박사를 비롯한 프로젝트에 참가한 모든 의사, 임상시험의 데이터 관리자, 간호사 등을 면담했다. 이 프로젝트의 모든 스태프와 면담한 결과, 푸아송 박사의 지시로 인해 기록을 위조했다는 사실이 밝혀졌다. 이와 같은 일련의 조사로 푸아송 박사에게 부정이 있었다는 결론이 내려졌다. 이 부정행위의 결과로 푸아송 박사에게는 공중보건국에 정부위원으로 참가하는 자격이 박탈되었고, 이후 8년간 정부에 지원금을 신청하는 것도 금지되었다. 8년이라는 기간은 부정행위에 대한 벌칙으로는 매우 무거운 것으로, 그만큼 이 사건이 중대하다는 것을 의미한다. 「ORI

뉴스레터」는 푸아송 박사에 의한 날조 데이터가 임상시험 프로젝트 전체에 어느 정도 영향을 미치는가를 다시 분석해 발표할 예정이라고 보도했다.

이제까지의 경위로는 NSABP 프로젝트 연구의 대표자인 피셔 박사에게까지는 이 사건의 불길이 옮겨붙지 않을 것으로 생각되었다. 원래 유방암의 외과 수술로는 오랫동안 유방 전적(全摘) 수술인 '할스테드(Halsted)법'이 우선되었지만, '럼펙토미(lumpectomy)에 의한 부분 절제'로도 예후에 차이가 없다는 사실이 대규모 임상시험을 통해 밝혀짐으로써 유방 수술의 표준이 근본적으로 바뀌게 되었다. 이 변혁의 중심 인물이 바로 피셔 박사였다. 그리고 부정행위가 있었던 시험은 일련의 임상시험과 관련된 것이었다.

크루드슨 기자는 '피셔 박사가 일찍부터 부정을 알고 있었으면서도 데이터를 다시 분석시키거나 그 결과를 발표하는 데 적극적인 역할을 하지 못한' 점을 비판했다. 1994년 3월의 『시카고 트리뷴』 기사 이후 같은 해 5월 21일 피츠버그에서 개최된 제30회 미국 임상암학회에서 피셔 박사는 변명조의 연설로 뜨거운 박수갈채를 받았다. 요란한 박수 소리는 그 장소의 분위기로 미루어 피셔 박사가 데이터 날조를 직접 지시한 것이 아니라는 것, 그리고 그 책임 때문에 그가 억울하게 책임자 자리에서 파면당했다는 것에 대한 동정의 표시였는지도 모른다. 또 의학계에 도전하는 미국 매스컴에 대한 임상암학회 회원들의 동지애적인 감정의 표출일 수도 있었다.

결과적으로 이 사건의 부정행위에 대한 책임은 푸아송 박사 한 사람에게 집중되었지만, 『뉴잉글랜드의학지(New England Journal od Medicine)』에서 지적했듯이 성루크병원을 비롯한 연구조직 내에 구조적인 문제가 있었다는 것은 부인할 수 없다. 환자에게 직접적인 위해는 가하지 않았을지라도 일반인들은 임상시험 자체와 그 부정이 발견된 이

후의 조잡한 대응에 환멸을 느꼈을 것이다. 푸아송 박사 개인에게 모든 책임을 뒤집어씌울 수는 없다. 이 사건이 프로젝트 연구의 대표자인 피셔 박사의 이름이 붙은 사건으로 전래되는 이유는 연구 성과의 발표와 정보 전달을 둘러싼 대응상의 결함이 명백하게 밝혀졌기 때문이다.

피셔 박사는 연구공정국이 날조로 판단한 것과 그 정보를 공개한 것이 프라이버시법(Privacy Act)을 침해했다고 소송을 제기했다. 그는 연구공정국, 보건복지부, 국립보건원이 자신에 관한 정보를 뉴스 미디어와 문헌 데이터 베이스를 통해 사회에 폭로해 프라이버시를 침해당했고, 또 "피츠버그대학교가 보건복지부와 협조해 NSABP 프로젝트의 연구 대표직 자리를 경질함으로써 자신에게 보복을 가했다"고 호소했다. 그러나 1996년 법원은 피셔 박사의 소송을 기각했고, 그 이유를 다음과 같이 밝혔다(「ORI뉴스레터」, Vol.4, No.4, September, 1996).

메드라인이나 암 분야를 중심으로 한 캔서리트(CANCERLIT) 등의 국립보건원의 문헌 베이스가 피셔 논문의 부정행위에 관해 기술하고 있는 것은 어디까지나 수록 기사에 대한 주기(注記)이지 피셔 박사 개인에 대한 주기는 아니다. 따라서 피셔 박사의 프라이버시를 침해했다고는 볼수 없다.

피셔 박사는 이 판결에 대해 항소했지만 최종적으로 1997년에 화해가 성립되었다. 피셔는 법정 투쟁으로 반격을 시도했고, 화해를 통해 실추된 명예를 회복할 수 있었다.

사실 피셔 박사는 이미 1991년에 몬트리올 성루크병원의 유방암 시험에서 외과 의사인 푸아송 박사가 99명의 부적격한 여성을 참가시킨 사실을 미국 국립암연구소에 보고한 바 있었지만, 『시카고 트리뷴』 (March 13, 1994, page 1)이 푸아송 박사의 조사 데이터 날조 사실을 보도하기까지 그 사실은 일반에게 알려지지 않았다. '유방암 연구에서의 날조' 기사가 보도된 이후에야 과학적 부정행위에 대한 정부의 청문회가 개최되었다.

1995년 3월 15일자 「뉴욕타임스」에 의하면, 푸아송 박사는 연구 결과가 날조되었다는 사실을 사죄하는 미국 식품의약국(FDA)과의 동의서에 서명했다. 하지만 다른 한편, 박사는 "이 날조는 부분 절제술인 럼펙토미의 유효성을 밝힌 임상시험 결과에 큰 영향이나 변경을 줄 정도는 아니므로 죄가 없다"는 주장을 펼치기도 했다. 그러나 뉴스 미디어와 정부의 압력으로 미국 국립암연구소는 피셔 박사를 프로젝트의 책임자 자리에서 해임했다. 미국 국립암연구소가 다시 데이터를 분석한 결과 위조된 데이터가 연구 결과를 뒤집을 만한 것은 아니었다는 것을 확인했음에도 불구하고 박사의 해임 조치를 취했고, 연구공정국에 정식으로 피셔 박사의 부정행위 조사를 의뢰했다. 이 연구공정국의 조사는 2년 9개월이라는 오랜 시간이 걸렸다.

많은 연구자가 "피셔 박사는 푸아송 박사가 저지른 부정행위와 관련해 억울하게 고발되었으므로 정부가 조사할 필요까지는 없다"는 견해를 피력했는가 하면, 일반 국민들은 "이 사례는 과학에 대한 사회적 불신을 심화시키게 될 것"이라고 우려했다.

피어스 사건

1990년대 중반 영국의 뉴스 미디어와 종합 의학잡지인 『영국의사회잡지(BMJ)』가 크게 다룬 피어스(M. Pearce) 사건은 피어스 의사의 상사인 산부인과교실 교수에 대한 기프트 오서십(gift authorship) 문제로 발전했다. 1994년에 보도된 이 피어스 사건은 '임상 예를 날조한 논문

피어스 사건을 보도한 『*BMJ*』지
(Vol. 309, p. 1459)

발표'와 '기프트 오서십이 관련된 부정
행위'의 대표적인 사례로 볼 수 있다(C.
Court & L. Dillner, 1994, Obstetrician
suspected after reseach inquiry, *BMJ*,
309: 1459).

사건의 경위는 대략 다음과 같다.
1994년에 런던의 성조지병원 의학교의
산부인과 의사였던 피어스가 『영국산
부인학회지(*British Journal of Obstetrics
and Gynaecology*: *BJOG*)』 8월호에 2편
의 논문을 발표했는데, 두 편 모두가
날조되었다는 사실이 영국 종합의학평

의회(General Medical Council: GMC)에 의해 밝혀졌다.

첫째, 하나의 논문은, 전문 병원에서는 한 달에 1~2건밖에 경험할
수 없는 희귀한 증후군을 가진 환자를 3년 사이 191 사례나 모아 인간
융모(villus)성 고나도트로핀(human chorionic gonadotropin: HCG)을 사용
한 무작위 시험에 의한 논문이었다. 논문 심사만 제대로 이루어졌더라
면 편집자도 그와 같은 보고에 의문을 가졌을 것이지만 피어스 자신이
그 잡지의 편집위원 중 한 사람이었고, 또 저명한 의학교에서 제출한
논문이었기 때문에 심사가 제대로 이루어지지 않았던 것이다.

둘째, 또 한 편의 논문은 같은 8월호에 게재된 '자궁의 이소성(異所
性) 임신을 적절한 위치로 돌려 출산에 성공한 증례' 보고였다. 뉴스 미
디어에 크게 보도된 이 논문 역시 논문의 내용을 증명할 만한 어떠한
기록도 병원에 남아 있지 않았다. 이 논문에 공저자로 이름이 실린 성
조지병원 의학교의 체임벌린(G. Chamberlain) 교수는 피어스의 상사인
동시에 피어스가 편집위원으로 재직한 『영국산부인과학회지』의 편집

위원장이기도 했다. 그러한 이유로 심사도 없이 논문 게재를 결정했다는 사실이 나중에 밝혀져 부정행위를 허용한 문제점이 지적되었다.

피어스 박사에 의한 논문 날조 사건의 하나의 중대한 측면은 소위 '기프트 오서십'에 사람들의 관심이 쏠렸다는 점이다. 피어스 의사로부터 오서십을 받아 공저자가 된 체임벌린 교수는 『BJOG』지의 편집위원장직을 사임하고 왕립산부인과학회의 회장직도 사퇴했다. 그리고 그는 스캔들이 사실로 드러난 후에 기프트 오서십이 잘못된 관행이었다는 것을 시인하고, 공저자 요청에 쉽게 서명했다는 사실도 고백했다.

본래 '논문의 내용을 확신하고, 책임을 함께한다'는 오서십의 요지에 따른다면 집필자도 아닌 사람이 날조된 논문에 공저자로 이름을 올릴 리 없을 것이다. 하지만 연구자들은 간혹 기프트 오서십을 가벼운 마음으로 받아들인다. 의아하게 생각하는 사람들도 있겠지만 그 이유는 자명하다. 풀타임의 교수직, 더 좋은 직위, 즉 승진과 등용, 연구 지원금과도 관련이 있다. 그러나 오서십이라는 선물에는 독이 있다는 교훈을 피어스 사건은 분명히 말해 주고 있다. 피어스는 이 논문의 날조로 인해 성조지병원에서 해고되었고 의사 면허도 말소되었다.

헤르만 · 브라하 사건

피어스 사건을 계기로 영국이 본격적으로 과학자의 부정행위에 관심을 가지게 된 것과 마찬가지로, 1997년에 발표된 헤르만·브라하(Herman and Brach) 사건은 독일 과학계에 커다란 영향을 미친 사건이다. 이 사건 이후 독일에서는 과학 연구의 정도(正道)를 실천해 나가기 위한 가이드라인이 정리되어 과학자의 부정행위에 어떻게 대처할 것인가를 검토했다. 어느 나라나 마찬가지겠지만 독일의 과학계 역시 현실적으로 정부의 간섭을 배척하고 과학계가 독자적으로 부정행위에 대처하려 하지만, 그렇다고 미국의 연구공정국을 모델로 하는 것은 아니다. 그러나 독일과학재단(Deutsche For-schungsgemeinschaft: DFG)을 중심으로 정부의 기금이 기초의학 연구에 지원되고 있고, 일반 국민의 관심도 높기 때문에 과

『네이처』에 게재된 헤르만 · 브라하 사건
(Vol. 395, p. 532)

학계 내부에서만 문제를 해결하는 것은 어려워지고 있다.

종합과학지 『네이처』와 『사이언스』지에 게재된 기사를 바탕으로 헤르만 · 브라하 사건을 간략하게 살펴보자(S. Steimle, 1998, Will Germany's good scientific practice guidelines prevent fraud? *Journal of National Cancer Institute*, 90(22): 1694-1695; R. Koenig, 1997, Panel calls falsification in German case 'unprecedented', *Science*, 277: 894).

헤르만(F. Harrmann) 박사와 브라하(M. Brach) 박사는 세포 성장과 세포 주기 조절 연구 영역에서 선두를 달리는 독일의 저명한 과학자였다. 1994년에서 1996년 사이, 이 두 사람은 베를린의 막스 델브뤽 분자의학센터(Max Delbrück Center for Molecular Medicine)에서 함께 연구했다. 더 거슬러 올라가면, 1980년대에 하버드대학교에서 연구를 시작해 마인츠대학교와 프라이부르크대학교에서도 공동으로 연구했던 콤비였다. 이와 같은 이력은 외부 사람들에게 기초 연구자(브라하)와 임상 연구자(헤르만)의 공동 연구가 원활하게 추진된 사례로 반영되었을 것이다. 최종적으로 브라하 박사는 날조를 시인하면서 "헤르만 박사가 성과를 강요하는 형태로 데이터를 날조하도록 압력을 가해왔다"고 고백

했고, 반면 헤르만 박사는 브라하 박사를 비난하면서 "자신은 공저자가 된 논문에 날조된 실험 데이터가 있었다는 사실을 몰랐다"고 반박했다.

게록(W. Gerock: 전 프라이부르크대학교 의학부 내과학) 교수를 위원장으로 한 13명으로 구성된 위원회가 독일에서는 전례가 없었던 이 부정행위 사건을 조사해 발표한 것이 헤르만·브라하 사건이다. 두 사람이 1988년부터 1996년 사이에 발표한 37편의 논문에서는 주로 오토라디오그래프(autoradiograph: 자동방사선사진법)와 같은 디지털 영상의 날조를 중심으로 한 데이터 조작과 날조가 발견되었다.

헤르만 박사는 혈액병 전문의로 특히 최신 유전자 치료에 힘을 쏟고 있었다. 그는 위원회가 밝힌 결론에 동의하기를 거부하면서 "나는 임상의이다. 내가 책임을 지고 있는 연구팀을 주도하는 것이 나의 역할이며, 공동 연구자인 브라하 박사가 자행한 날조는 원고를 읽는 것만으로는 방지할 수 없었다"고 『사이언스』를 통해 변명했다.

한편 브라하 박사는 "헤르만 박사의 압력으로 1993년과 1994년의 2~3 사례에서 데이터를 조작했다"고 진술하고 있다. 그는 1995년에 분자생물학·면역학의 유명지인 『실험의학잡지(Journal of Experimental Medicine)』에 발표한 논문의 오토라디오그래프에서 "데이터를 의도적으로 변화시켰다"는 사실을 시인했다.

헤르만 박사는 "브라하 박사에게 날조를 요구했거나 부정에 가담하는 것을 요구했다"는 사실을 부인한 반면, 브라하 박사는 "자신은 데이터를 날조하도록 압력을 받은 희생자"라고 반론했다. 장기간 연구의 협력자였던 이들은 서로 상대방을 공격하며 책임을 떠넘기려 했다. 『네이처』지는 '독일 최대의 스캔들'로 평가되는 이들 중 한 사람인 브라하 박사의 편지를 투고(letter)란에 게재한 바 있는데 그 내용은 다음과 같다.

『네이처』지는 독일에서 일어난 부정행위를 언급하는 기사를 발표한 바 있습니다(동지 387: 750 & 389: 105, 1997). 본인의 이름이 사건과 관련해 분명하게 기술되어 있었으므로 『네이처』지 독자들에게 추가되는 몇 가지 사실을 알려드리고자 합니다. 본인은 지난해 연구 데이터 날조에 관여한 혐의로 고발되었습니다. 본인은 즉시 고백을 하고 모든 사실을 털어놓았습니다만 결과적으로 1997년 6월 루벡대학교에서 해고되었습니다.

본인에게 이 이상의 고통이 가해지는 것은 적절하지 않다고 생각합니다. 조사위원회는 저와 다른 사람들로부터 광범위하게 정보를 수집하고, 고발에 대한 법적 조치는 취하지 않는다고 했습니다. 위원회는 뉴스미디어에 성명을 발표했습니다만, 본인에게도 일반 사람들에게도 모든 내용을 발표하지 않았습니다. 본인은 이에 대해 항의하는 바입니다.

본인만이 초기 단계에서 잘못을 시인했습니다. 공식 기관은 '본인이 공저자로 되어 있지 않은 많은 논문에 사용된 위조 데이터에 책임이 있는 유일한 범인이 본인인 것처럼 명시하는 것이 상책이다'라고 생각하는 것은 아닙니까? 본인이 일찍부터 잘못을 시인했으므로 조사 기관은 본인 한 사람에게 책임을 지우려는 듯한 느낌이 듭니다. 나의 위조 데이터를 사용한, 내 이름이 공저자로 들어 있지 않은 논문이 이 밖에도 많이 있다고 하는데도 말입니다.

패널에게는 처벌할 권리가 없다. 처벌은 법적 기관과 조성 기관의 몫이다. 독일의 모 정치인이 "미국의 연구공정국 같은 기관이 독일에도 필요하다"고 주장한 한편, 어떤 독일의 과학자는 "좀 더 효과적인 연구를 하기 위해서는 정치보다 과학계 스스로 대응해 나가야 한다"고 주장하고 있다. 또 게록 교수는 현새의 레버리 시스템(referee system)을 중심으로 한 동료 심사제(peer review)를 재점검할 필요는 없다고 하면서도 다른 한편, 패널이 부정행위를 좀 더 넓은 관점에서 검토하는 것을 지지하고 있다. 또 "오서십의 기준에 엄격하게 대응해야 한다는 사실을 알지 못했거나 실제 실험실의 연구에 관해 거의 무지하면서 현재 공동 연구자가 된 경우가 너무 많다"고 개탄하고 있다.

위원회는 또 '명예 오서십(hononary authorship)'에 관해서도 "아무런 공헌이 없는 사람을 저자로 만드는 것은 본래 허용될 수 없다. 연구실이나 그룹의 책임자라고 해서 곧 저자가 될 수 있는 기준에 해당되는 것은 아니다"라고 비판하고 있다. 독일에서는 패널이 좀 더 엄격하게 명예 오서십을 금지할 것을 권고하고 있다(R. Koenig, 1997, Panel proposes ways to cope with fraud, *Science*, 278: 2049-2050).

독일의 연구 시스템은 자유와 독립심이 강한 정신적 토양에 뿌리박고 있으며, 일반적으로 정부가 관여할 사안이라고 생각하지 않는다. 그래서 미국의 연구공정국과 같은 기관은 독일의 모델이 되지 못한다. 독일의 과학계 입장에서 볼 때 "미국의 연구공정국에는 유연성이 없고 과학적으로 완전하지 못한 부분이 있으며, 그것은 정부와 법률가의 힘에 의해 운영되고 있기 때문"이라는 소신이다. 이와 같은 경위를 거쳐 독일에서는 부정행위 문제에 대한 대응으로 "발표에 사용한 오리지널 데이터는 그 연구가 수행된 기관이 10년간 보존해야 하고, 또 각 연구 기관과 대학은 부정행위 고발에 대한 절차와 방법을 확립해야 한다"고 결정을 내렸다.

헤르만 박사와 브라하 박사는 독일의 국가 지원 기관인 독일과학재단을 기만했을 뿐만 아니라 암 지원 기관과 생명과학 잡지 레퍼리까지 속인 셈이다. 그리고 무엇보다 최신 치료 기술을 이용한 치료를 갈망했던 사람들의 신뢰를 짓밟았다고 볼 수 있다. 두 사람은 좀 더 좋은 지위를 추구해, 서로 협력하면서 많은 논문을 권위지에 발표했고, 유전자 치료 연구의 최선두를 달려 나갔지만, 정확하게 표현하면 그것은 서로를 이용하면서 연구자 신분(post)으로 계단을 올라간 데에 지나지 않는다.

이 헤르만·브라하 사건을 통해 연구 세계에 기생하는 몇 가지 위험 인자를 발견할 수 있다.

- '발표를 하느냐, 아니면 죽느냐(publish or perish 증후군)'는 연구 성과의 대량 생산으로 이어진다. 결과적으로 양이 질보다 중요한 요소가 된다.
- 부정행위를 통해 연구를 발표하는 연구자는 그것을 중대한 범행이라 생각하지 않고, 과학계 역시 그러한 사람들에 대한 방어책이 없다.
- 부정을 행한 과학자가 주의를 받거나 고발당한데 대해 반론하고 비난한다.

이 사건 이후 막스플랑크협회(Max Planck Society)와 독일과학재단에서 새로운 권고를 발표했다.

막스플랑크협회의 권고

막스플랑크협회는 의심스러운 과학의 부정행위 사례를 다루기 위한 새로운 소내(所內) 규정을 제정했다(A. Abbott, 1997, Germany tightens grip on misconduct, *Nature*, 390: 420). 또 이사회는 젊은 연구자들을 위해 '과학 윤리의 교육 프로그램'이 마련되어야 한다는 데 동의했다. 이 프로그램은 궤도에서 벗어난 연구자를 적발하기보다는 '부정행위 방지'에 중점을 두고 있다. 이 과학 윤리 과정에는 연구실 실험 노트의 올바른 관리, 오서십을 정하는 기준, 논문에 대한 기술적 공헌을 사사(謝辭)로 표시하는 기준 등을 포함하고 있다.

독일과학재단의 권고

대학에 대한 주요 지원 기관인 독일과학재단에서도 '과학에서의 연구자의 자율 규제에 관한 위원회 권고(Recommendations of the Commission on Professional Self Regulation in Science; Proposals for Safeguarding Good Scientific Practice, 1998)'를 제정하게 되었다.

독일과학재단 이사장인 프뤼발트(W. Frühwald)는 헤르만·브라하 사건에 대한 지나친 정치적 반응이 연구에 대한 강력한 중앙집권화로 이어지는 세태에 관심을 돌려 "이와 같은 동향이 과학 연구의 창조성을 질식시키지 않을까" 하는 우려를 표명하고 있다. 그러나 부정행위에 엄격하게 대응해 온 막스플랭크 법학연구소(Max Planck Institute for International Criminal Law)의 장관인 앨빈 에세르(Albin Eser) 박사는 "연구기관에 대한 국가 차원의 합리적인 규약이 제공되어야 한다"고 공언하고 있다.

헤르만 박사의 논문을 조사하는 과정에서 공동 연구와 공저자의 관계가 두드러진 기관과 연구자들이 식별되고, 그 연구자들이 대해서도 조사가 진행되었다. 헤르만 박사가 1985년부터 1996년 사이에 발표한 347편의 논문 중에서 94편의 논문은 부정을 내포한 논문이었다. 이 94편의 논문 중 53편의 논문에 이 사건의 또 한 사람의 주역인 브라하 박사가 포함되어 있었다.

그러나 프라이부르크대학교 의학센터의 혈청 종양 분야에서 헤르만 박사의 상사였고, 독일에서 최초로 유전자 치료를 한 저명한 백혈병 연구자인 메르텔스만(R. Mertelsmann)은 브라하 박사보다 6편이나 더 많은 59편의 논문에 공저자로 되어 있었다. 메르텔스만은 "헤르만의 실험을 상세히는 알지 못하며, 의례적으로 오서십을 받아들였을 뿐"이라고 변명했지만 정식 조사가 시작되었고(A. Abbott, 2000, German fraud inquiry casts a wider net of suspicion, *Nature*, 405: 871), 이 사건은 부적절한 오서십의 사례로 끝나지 않을 조짐을 보이기 시작했다.

북유럽 4개국의 실태

닐렌나(M. Nylenna) 등은 북유럽 각국의 정부기관들이 과학의 부정행위를 조사한 결과를 정리한 바 있다. 그 문헌(M. Nylenna, D. Anderson, G. Dahlquist, M. Sarvas, & A. Aakvaag, 1999, Handling of scientific dishonesty in the Nordic countries, *Lancet*, 354: 57-61)에 의하면,

첫째, 과학의 부정행위를 다룬 최초의 시스템은 1980년대 후반 미국에서 만들어졌다. 연구공정국의 전신인 과학공정국과 과학공정심사국이 그 당시 탄생했다. 그러나 현재 대부분의 국가는 부정행위 자체는 폭넓게 인식하면서도 부정을 막기 위한 고유한 시스템은 갖추고 있지 않다. 국가의 지원 기관이나 학술 연구단체는 본래 규범을 설정할 책무가 있으므로 부정행위를 다루기 위한 시스템을 서둘러 확립할 필요가 있다.

둘째, 과학의 부정행위를 다룰 확고한 시스템은 그 필요성이 요구되고 있음에도 불구하고 대부분의 국가에서 확립되지 않았다. 그러나 덴마크(1992년)를 필두로 노르웨이(1994년), 스웨덴(1997년)의 국립의학연구평의회, 핀란드(1994년)의 교육부에서 과학의 부정행위를 다루기 위한 위원회가 설립되었고, 이들 위원회는 예방 조치의 입안뿐만 아니라 '고발된 사안의 조사'도 맡게 되었다.

셋째, 1992년에 덴마크 의학연구평의회(Danish Medical Research Council)의 주도로 설립된 '덴마크 과학연구 부정위원회(Danish Committee on Scientific Dishonesty: DCSD)'는 정부 차원으로서는 유럽에서 첫 번째 대응이었다. 각 분과위원회에는 과학과 법률에 조예가 깊은 전문가들이

포함되었다. 다만 제재나 처벌은 부정행위 당사자를 고용한 기관에 그 책임을 위임하고 있다.

넷째, 북유럽 4개국 전체에서 78건의 부정행위가 고발되었다. 그중에서 47건의 사례가 정식 조사를 받았으며, 47건 중 25건이 덴마크에서 발생한 사례였다. 그리고 조사 대상으로는 오서십의 다툼이 일반적이고 가장 많았다. 부정행위를 날조·위조·도용과 같은 FFP에만 한정하는 것은 현실적이지 못하다는 사실이 이 조사로 입증되었다. 젊은 연구자들에 의한 고발은 조사 사례 중 불과 3건뿐이었다. 37건을 조사한 결과 9건의 부정행위가 밝혀졌고, 그중 2건은 동일한 저자의 것이었다. 정의(定義)·절차·조직 등에 약간의 차이는 있었지만, 그 사례들에 대해 연구자 스스로 비리를 시인하고 있다. 이제 몇 가지 구체적인 예를 살펴보기로 하겠다.

〈사례 1〉 북유럽의 잡지에 발표된 논문에 의학 문헌 데이터 베이스인 메드라인(MEDLINE) 초록(抄錄)과 유사한 타이틀과 데이터 기사가 발견되었다. 잡지 논문의 초록은 메드라인에 게재되었던 외국의 잡지 논문을 짜깁기한 것이었다. 도용이 확정되자 논문은 철회되었지만 후에 밝혀진 바에 의하면 같은 저자에 의해 20편 이상의 논문이 도용된 사실이 발견되었다. 이 연구자는 교수직에서 해고되었다.

〈사례 2〉 어떤 선임 연구원이 임상 부문에 관한 그의 연구 성과를 지도 교수의 허가나 양해를 받지 않고 임의로 지도 교수를 공저자로 넣어 출판했다. 이 연구원은 해고되었다.

〈사례 3〉 미국의 정보기업이 어떤 약제의 사용을 권장하는 내용의 총설 논문을 작성한 다음 북유럽의 전문가에게 그 논문의 저자가 되어 줄 것을 의뢰해 발표했다. 이 기업의 행위는 판매 촉진을 의도한 것으로 매우 부적절한 행위였다. 총설 논문은 공정성과 객관성을 위반한 것이었고, 오서십의 규범을 짓밟은 행위였다. 즉, 실제 집필자가 의도적으로 은닉된 '고스트 오서십(ghost authorship)에 해당하며, 이 기업의 이름은 공식적인 연차 보고서에 공개되었다.

〈사례 4〉 어떤 연구자가 새로운 진단 방법에 대한 무작위 비교 시험을 했다고 논문에 밝혔다. 그러나 임상 기록을 정밀 심사한 결과 조사 대상이 무작위로 이루어지지 않았음이 판명되었다. 정정 사실이 잡지에 게재되기는 했지만, 연구 당사자에 대해 그 이상의 조치는 취하지 않았다.

〈사례 5〉 두 사람의 임상 연구자(교수와 강사)가 연구 결과를 왜곡했다. 환자의 수를 부풀리고, 추적 조사 기간을 늘려놓았다. 이 사례는 관련 잡지에 보고되었고, 자자들은 대학에서 해고되었다.

〈사례 6〉 어떤 선임 연구자는 새로운 치료 방법에 대한 장기간에 걸친 여러 시설의 임상시험에서 몇 사람의 환자를 의도적으로 제외시켰다. 이 왜곡은 실험 결과를 신뢰할 수 없는 것으로 만들었다. 그뿐만 아니라 과학 연구에서 성실하지 않은 부분이 발견되었다. 조잡하고 불충분한 연구계획, 윤리적인 평가 기준의 결여, 참가 의료기관의 불충분한 관리 등 연구 프로젝트에서 감독 소홀이 두드러졌다. 그러나 처벌에 관한 아무런 정보도 없었다.

〈사례 7〉 어떤 생물의학 실험실의 연구자가 다른 실험실로부터 받은 자료를 이용해 연구 논문을 출판했다. 그러나 자료는 연구자 간의 상호 동의 사항을 위반해 사용되었다. 이 사례를 계기로 연구기관 내부에 연구 활동에 관한 가이드라인이 존재하지 않는다는 사실이 지적되었다. 연구 당사자는 처벌을 받기 전에 스스로 소속 기관을 떠났다.

〈사례 8〉 어떤 선임 연구원이 학생의 협력으로 개발한 새로운 외과적 처치의 성과를 돋보이게 하려는 의도로 데이터를 왜곡했다. 그리고 그는 단독 저자로 이것을 출판했다. 그는 학생들을 교육하는 위치에서 떠나야 했고, 연구 대표자로서의 지원도 받을 수 없게 되었다.

북유럽 각국에서 일어난 지금까지의 사례에서 알 수 있듯이, 임상시험에 관련된 것이 두드러진다. 노르웨이의 연구평의회가 1997년에 발표한 통계 데이터에 의하면 인구 100만 명당 임상시험 논문 수는 북유럽 각국에서 406편으로, 이것은 OECD 가맹국 평균 197편의 2배 이상의 수치이다. 임상시험은 약제 신청과 임상 응용에 큰 영향력을 미치므로 부정행위의 표적이 될 위험성이 매우 크다.

북유럽 4개국은 부정행위를 다음과 같이 정의하고 있다. 그리고 부정행위를 나타내는 용어도 'misconduct'(부정행위, 직권 남용)'를 쓰지 않고, 'dishonesty(부정직, 불성실, 사기)'로 표현하고 있다.

〈스웨덴〉 데이터를 날조해 연구 프로세스를 의도적으로 왜곡하는 행위, 다른 연구자의 원고, 신청서, 출판물의 데이터, 본문, 가설, 방법 등을 도용하는 행위

〈덴마크〉 과학적인 메시지를 왜곡하거나 위조로 이어질 수 있는 과실과 의도를 범한 과학자에 대해 허위의 신임(信任)이나 강조를 부여하는 행위

〈노르웨이〉 과학 연구의 신청, 실행, 보고할 때 현재의 윤리 규범을 현저하게 이탈하는 행위

〈핀란드〉 양심적인 과학 연구를 파괴해 관찰 결과를 날조 또는 위조하거나 부적절하게 다루어 과학계에 발표하는 행위

이처럼 과학의 부정행위에 대한 북유럽 각국의 정의는 미국의 연방 정부가 2000년에 정의한 FFP보다 폭넓은 내용을 대상으로 하고 있다.

스와미나탄의 초우량 소맥

과학자의 배신행위가 연이어 공개되어 그 정체가 폭로됨에 따라 과학자, 특히 생물학자와 의학자를 의혹의 눈길로 보는 풍조가 생겨났다. 고발이 매스컴에, 때로는 유명한 잡지에까지 등장해 고발당한 저명한 과학자가 진실로 부정을 저질렀는지 아닌지가 판명되기도 전에 지탄을 받는 경우가 있다. 인도의 유전학자 몬콤부 스와미나탄(Monkombu Sambisivan Swaminathan, 1925~)은 바로 그러한 사람 중의 하나이다.

1960년대와 1970년대에 스와미나탄은 인도 농업연구상담소의 소장 및 식품농업조직(FAO)의 농업연구 자문위원이었다. 스와미나탄은 1963년에 몇 종류의 왜소 소맥주(小麥株)를 입수했는데 그중 소노라64호의 장래성은 약속되어 있었다. 하지만 이 주(株)는 붉은 색깔이기 때문에 굽는 빵에는 적합하지 못해 인도에서는 받아들여지지 않았다. 스와미나탄 팀은 소노라64호의 종자에 감마선과 자외선을 쪼여 돌연변이를 일으키려고 했고, 1967년에 돌연변이를 일으키는 데 성공했다. 그것이 자바티 소노라인데, 맑은 호박색이므로 굽는 빵에 적합한 성질로

변해 있었다.

1974년 11월 한론(J. Hanlon) 박사는 『뉴사이언티스트』에 "일류 과학자가 거짓 데이터를 발표"란 제목의 논문을 발표했다. 이 논문은 스와미나탄에 불만을 품고 있던 예전의 부하로부터 얻은 정보를 바탕으로 작성한 것이었다. 한론은 스와미나탄이 자바티 소노라는 단백질 함유량이 10.5%이고 리신(lysine)의 함유량이 매우 높다(4.16%)고 주장한 것을 공격했다. 또 1967년 세모, 퍼듀대학교(인디애나 주)의 과학자가 아미노산 분석을 반복 시행한 결과 자바티 소노라 소맥의 리신 함유량은 원주민 소노라64호의 평균값 2.21~2.83%와 거의 같은 것으로 나타났다. 한론 박사는 스와미나탄의 신주가 상당히 높은 양의 리신을 함유하고 있다는 최초의 발표를 혐오감 넘치는 투로 비웃었다. 그는 방사성동위원소에 의한 돌연변이가 일어난 것에 관한 발표를 통해 제3 세계의 과학자가 과학혁명의 최고 산물과 최첨단의 핵기술을 결부시킬 수 있었고, 그 분야의 전문가(expert)마저도 불가능하다고 생각하는 것을 만들어 낼 수 있었다는 것을 제시했다.

한론의 논문의 결론은 다음의 의문을 남겼다.

랠프 라일리(Ralph Riley)가 말했듯이 스와미나탄은 자신의 영역 밖에까지 손을 뻗어 적절한 지도도 받지 못하는 대학원생이 한 일을 발표했지만 그것은 그가 유능한 과학자라 해서 허용해도 되는 것인가. 또 사일로(Silow)가 생각하듯이, 바로 관련되는 분야에서 근거도 없는 과학을 널리 공표한 과학자가 최고의 자문단체에 앉아 있는 것은 위험하지 않은가.

허친슨(J. Hutchinson)은 『뉴사이언티스트』의 칼럼에서 이 의견에 반론해 고발에 대한 결론이 나오기까지 관련되는 문제를 제기하는 것은

'기괴'한 짓이라고 기술했다. 델리의 인도농업연구소에서 소맥의 질을 연구하고 있는 주임연구원 오스틴(Austin) 박사는 『뉴사이언티스트』에 보낸 편지에서 한론의 논문은 "과학적인 비판이라든가 분석에 관한 것이 아니고 중상을 획책한 것"이라고 결론지었다. 발표에서 자신의 함유량이 4.61%로 된 것은 단백질 가수분해 효소의 탈탄산에 의한 분석에 사용한 완충액의 산도를 착오한데서 생긴 실험상 잘못된 결과라고 오스틴 박사는 말했다.

이 실수의 결과는 스와미나탄이 1967년 델리에서 개최된 채식주의자회의 강연에서 발표해, 그것이 같은 해 11월의 『식품공업잡지』에 그대로 게재되었다. 그러나 그 후에 투고된 3편의 논문에서 백분율은 2.57~3.19%로 정정되어 있었다. 오스틴은 "한론 박사는 우리가 연구해 온 대규모 곡물의 질적 개선을 뻔한 실험상의 실수로 중상하는 방법을 취했다. 이 사업에 자바티 소노라가 관련되는 한 리신 함유량 때문에 그것을 발전시키는 것도, 방출하는 것도, 재배하는 것도 못하게 된 것은 유감스러운 일"이라고 쓰고 있다.

그러나 공평한 입장에서 보면 스와미나탄의 과오는 발표한 리신의 값이 잘못되었음에도 불구하고 1년 이상이나 틀린 값을 사용하고 있는 것을 방치했던 점에 있다. 여기서의 교훈은 정열적이고 장로적 존재의 학자는 최첨단의 실험 결과에 대해 스스로 확실한 신념을 가질 때까지 그것을 열심히 지지하거나 발표하거나 해서는 안 된다는 사실이다. 또 이 '습관'은 과학적 측면에서 유용하며 사견이기는 하지만 비난을 받아야 한다고 생각한다.

노벨상 수상자인 노먼 볼라그(Norman Ernest Borlaug, 1914~2009) 박사와 소맥 육종인 앤더슨(R. C. Anderson) 박사는 스와미나탄에 대한 고발에 대해 『뉴사이언티스트』에서 다음과 같은 견해를 제시했다.

우리의 견해로는 스와미나탄 박사는 뛰어난 영향력을 갖는 세계적인 농학자이고 교육자이며 행정가이다. 1965년에서 1972년 사이 인도농업연구소(IARI)의 소장이었는데, 그때 그는 높은 수확량의 멕시코 소맥의 광역 재배 도입에 강력한 지도력을 발휘했다. 열혈 남아의 실행자였다. 또 그는 그 소맥이 유전적으로 간직한 잠재 능력을 인도에서 발휘할 수 있도록 조직적으로 기술 개혁을 했다. 소맥 생산량은 1965년에 1,050만 톤이었던 것을 1972년에는 2,650만 톤으로까지 늘렸다. 그것은 세계 다른 지역에서는 그 어느 곳도 도저히 불가능한 일이었다. 스와미나탄이 1971년에 막사이사이상의 수상자로 선정된 첫째 이유는 소맥 개량의 공적이었다.

카(Kar)는 스와미나탄을 옹호한 기사를 매스컴 비판의 형태로 내어 놓았다.

얄궂게도 1974년은 역사상 최악의 식량 위기에 전 세계가 고통받은 해였고, 불운하게도 또 하나의 실수한 과학 분석이 보도되고부터 7년이 지난 해로, 세계의 뛰어난, 그리고 가장 생산적인 농학자를 파멸로 내어몰려는 사람들이 준동한 해였다.

스와미나탄이 범한 과오, 즉 신종 소맥의 리신 함유량의 착오가 공론화되기까지 상당히 오랫동안 잘못된 값을 선전한 사실은 받아들여도 좋다는 것인가, 재판에서 그를 '유죄'로 처벌해야 할 정도로 과학의 윤리를 심하게 침해한 것인가. 우리는 볼라그의 의견, 즉 스와미나탄이 농업상 큰 공적을 남긴 사실을 고려하면 스와미나탄의 연구 그룹이 발표한 정보의 착오를 정정하는 것이 늦은 점은 선의로 다루어져야 한다는 의견이 타당하다고 생각한다. 그러나 절정기에 있는 과학자가 자기 그룹이 퍼트린 잘못된 정보를 1년이나 지난 뒤에야 바로잡았다는 윤리상의 과오에는 놀라지 않을 수 없다. 식물육종연구소(영국 케임브리지)의 이전 소장인 라일리는 잘못된 결과는 "보스가 바라는 바를 알아차린 젊은 연구자의 업무를 충분히 지도하지 못한데에 기인했었다……. 결말이 나지 않는 점은 자신이 쓰지도 않은 논문에 연이어 이름을 올리는 사람이다"라고 비공식적으로 말하고 있다.

여기서 두 상황을 비교해 어느 쪽이 비윤리적인가를 검토해 보자. 하나는 실험을 전연 하지 않고 결과를 내어 발표한 자(예를 들면 버트처럼)이고, 다른 하나는 적진하게 노력해 이룬 연구의 결과 예거한 숫자가 틀려 그것을 그대로 발표한 자(스와미나탄)이다.

과학에서의 부정행위에는 윤리적으로 상이한 두 형태가 존재한다. 두 예의 최종 판단은 달라야만 한다. 전자의 경우 설령 죄가 되지 않을지라고 과학자로서의 비윤리적인 행위는 허용되어서는 안 된다. 그러나 후자는 과오를 깨달으면 곧바로 그것을 시인하고 기록을 정정만 하더라도 그에 관련된 학자의 성실성에 오점을 남기게 되는 것은 아니다.

시조새(始祖鳥)는 실존했는가

몇 해 전, 고생물학상 또 하나의 위조물 혐의가 있는 중대 사건이 터져나왔다. 그것은 새의 시조(始祖)로 믿어지고 있는 유명한 시조새 화석의 신빙성에 관한 것이다.

아케옵테릭스리소그래피카(A. lithographica)의 발견은 파충류와 새 사이의 단절고리(missing link)를 보완하는 것으로서, 또 찰스 다윈(Charles Darwin)의 진화론을 증명하는 것으로서, 19세기에 뜨거운 환성 속에 수용되었다. 시조새는 그때 이미 알려져 있던 나는 파충류 프테르드닥틸과 달리 완전한 날개를 가지고 있었다.

시조새 화석의 최초 발견은 독일인 의사 칼 헤베를레인(Karl Haeberlein) 박사가 바벤하임 가까이의 바바리아인의 석공장에서 발견한 것으로 거슬러 올라간다. 그곳은 1억 6천만 년 전의 석회층(상쥐라기)이었다.

헤베를레인은 대영박물관에 화석이 들어 있는 암석을 1,700파운드에 매각했다. 이 표본은 화석의 뼈와 날개를 포함한 암석을 거푸집처럼 절반으로 쪼갠 두 부분으로 되어 있다. 그 한쪽에는 날개와 꼬리의 깃털을 갖는 동물 골격을 인정할 수 있었으나 다만 머리는 없었다.

이와 같은 깃털이 있는 파충류적인 새가 존재할 가능성은 1861년 이전에 토머스 헉슬리(Thomas H. Huxley)가 예언했는데, 날개가 있고 몸에 비늘이 있으며 도마뱀과 비슷한 엉덩이 꼬리와 부리에 이가 있는 동물을 그린 스케치를 제시하고 있었다.

1877년, 헤베를레인의 아들인 에른스트(Ernst)가 최초의 표본이 나온 장소 가까이에서 다른 표본을 발견했다. 이 번의 시조새는 보존 상태가 좋고 머리와 치아가 붙어 있었다. 헤베를레인은 그것을 베르너 폰 시멘스(Werner von Siemens; 대전자 기술공업회사의 창시자)에게 2만 마르크(약 1,000파운드)에 팔았고, 시멘스는 베를린의 폰볼트박물관에 1,000파운드에 넘겼다. 후에 1951년, 1956년 그리고 1970년에 다시 3체의 표본이 각기 다른 장소에서 발견되어 각각 합당한 루트를 거쳐 막스베르크, 아이히슈타트(Eichstätt), 할렘(Harlem)의 각 박물관에 납품되었다.

거의 100년 사이, 바바리아의 화석이 파충류에서 조류로 진화한 추이를 나타내는 것이라는 사실이 당당하게 거리낌없이 통용되었으나 1985년 천체물리학자인 프레드 호일(Fred Hoyle) 경과 찬드라 위크람신지(Chandra Wickramsinghe) 및 물리학자 로버트 와트킨스(Robert Watkins)와 리 스페트너(Lee M. Spetner) 등으로 구성된 과학자 그룹이 시조새 화석은 위조물일 혐의가 있다고 제시했다. 그들은 대영박물관의 표본을 눈으로 확인하고 사진을 촬영해 암석에 붙은 깃털의 흔적이 진품이 아니고, 본래 있었던 파충류의 골격에 가공해 붙인 것이라는 결론에 이르렀다.

스페트너는 닭의 깃털을 같은 석공장에서 떼어온 석회 분말과 섞은 시멘트에 마치 날개와 꼬리에서 깃털이 난 것 같은 인상을 주도록 눌러 붙인 것이라고 했고, 워커(Walker)의 사진 기술(낮은 각도의 접선에서 조명을 쪼여서 다방면에서 촬영한)은 화석과 암석의 표면 미세구조를 부각시켜 위조의 가능성을 나타내는 사진을 제공했다.

사실, 사진을 정사(精査)하면 깃털이 압착된 곳은 재질 밑에 있는 암석보다 훨씬 미세한 입자가 있는 것을 나타냈다. 부가해 어떤 부분은 미세한 입자상의 점, 혹은 염재(染材)가 석판 위에 융기되어 있었지만 그에 상대되는 석판에는 대응하는 오목(凹)함이 없었다.

시조새가 처음 발견된 1862년경에 시조새 정밀화를 오웬(R. Owen)이 그렸다. 최근에 그 그림과 사진을 비교하자 깃털의 말초부에 설명되지 않는 불일치 부분이 관찰되었다.

호일 경과 그 동료가 제시한 시조새는 교묘하게 만들어진 것(아마도 헤베를레인에 의한)이라는 증거는 몇 사람의 고생물학자가 반론했다. 그 한 사람인 예일대학교의 오스트롬(Ostrom) 교수이다. 오스트롬은 현존하는 5개의 표본 중에서 3개가 다른 장소에서, 각각 다른 인물이 금세기에 와서 발견한 것으로, 모두 쥐라기까지 거슬러 올라간다고 지적했다. 이 의견은 고발하고 있는 과학자 그룹으로부터 역습을 받았다. 바바리아의 2개의 표본만이 진짜 깃털을 갖고, 다른 화석은 깃털의 확실한 흔적도 없고 파충류에 지나지 않는다고 했다. 또 헤베를레인 표본의 허리뼈 좌향은 새의 것에 일치하지만 다른 표본에서는 파충류의 것과 일치한다고 지적했다.

그런데, 시조새는 진짜의 화석인가 위조물인가. 고생물학자와 고고학에서는 18세기 말부터 19세기에 위조물 제작이 넘쳐났고, 그런 가운

데 위조물 만들기가 있었다는 확실한 증거가 있다. 예를 들면, 콘스탄스호(湖) 호안에 있는 에닝겐(Ehningen)의 석회암 채굴장 주인 레오널드 바르드(Leonald Barth)가 그 사람이다. 바르드에 대해서는 할렘의 데이라(Deira)박물관 관리인인 윈클러(T. C. Winkler)가 다음과 같이 언급하고 있다. "에닝겐 사람들은 예민성, 발명의 재능, 손재주의 능숙함이 한계를 알 수 없을 만큼 뛰어났다."

필트다운인(Piltdown man)의 경우는 거의 40년 지나고나서 턱뼈와 두개골이 화학적으로 주의깊게 분석되어 위조물이란 것이 폭로되었다. 시조새의 경우는 그러한 화학분석의 보고는 아직 없다. 필요한 물리화학적 조사가 모두 끝나기까지 깃털의 흔적이 1억 6천만 년 전의 것인지, 19세기 학자의 악의 없는 상상의 산물인지 판정하는 것은 보류하지 않을 수 없다.

유달리 악명 높은 위조

19세기의 고고학 분야는 많은 위조가 유행했다. 그것을 폭로하는 것은 이 분야의 전문가가 많지 않았기 때문에 쉽지 않았다. 필트다운인의 경우는 아마추어와 학자가 동등하게 관련되었으나 초기 무렵의 고고학적인 위조에는 솜씨가 좋은 직공과 골동품 호사가, 그리고 상인이 얽혀 있었다.

악명 높은 위조사건에 모세스 샤피라(Moses Shapira)라는 예루살렘의 고물상이 관련되어 있었다. 처음에는 유대교 신자였으나 기독교로 개종해 윌리엄 베네딕트(William Benedict)로 개명했다.

1897년 샤피라는 베를린박물관에 신명기(申命記)의 원본을 포함한 15권의 양피지 두루마리를 판매하기 위해 찾아가 학예원에게 이것은

샤피라의 공범자 사램이 만든 것으로 믿어지는 위조품. 모압 문자가 써 있다. 같은 작은 상을 베를린박물관이 구입했다.

사해(死海) 동안의 아롱하 계곡 동굴에서 발견한 베두인(Bedouin)족에게서 구입한 것이라고 했다. 베를린박물관에서는 그것에는 관심을 나타내지 않았다. 그도 그럴 것이, 그로부터 약 10년 전에 샤피라로부터 점토제의 상을 수백 개 구입했지만 그중에 고대 모압(Moab) 시대의 것은 몇 개뿐 나머지는 모두 근년의 위조물이었다.

베를린에서 거절당한 후 샤피라는 런던으로 건너가 대영박물관에 이 문서를 100만 파운드에 팔았다.

박물관이 구입한 이 문서를 박물관 고문이며 셈족 문서의 전문가인 긴즈버그(C. D. Ginzburg)가 조사해 『타임스』지에 이 문서와 그 중요성을 쓴 논문을 게재했다. 동시에 이 문서 중의 2권이 박물관에서 공개되었다.

마침 그 당시 프랑스의 고고학자인 샤를 클레르몽가노(Charles Clairemont-Ganneau, 1846~1923)가 런던에 와 있었다. 클레르몽가노는 예루살렘의 프랑스영사관에 근무했으나 1869년 요르단 디반(Dhiban)에서 모압왕국과 유대인의 이스라엘 국왕과의 싸움을 기술한 모압왕 메사의 비문(Mesha Stele)을 발견해 성서 이야기(왕의 제2절, 제3절)를 확인한 사람으로 알려져 있었다.

클레르몽가노는 또 기독교가 산사에 들어가는 것을 금지한 것을 그리스어로 기술한 헤로데 대왕의 서자판(書字板)을 예루살렘에서 발견한 것으로도 알려져 있었다. 클레르몽가노는 런던 체재 중에 대영박물관에서 전시 중인 문서를 조사한 결과 그것이 수년 전에 샤피라가 대영박물관에 판 성서의 큰 두루마리의 단간(斷簡)이라는 것을 밝혔다. 이 사실을 알게 된 긴즈버그가 문서를 다시 조사해 이 프랑스인의 의견이 옳은 것을 확인했다. 샤피라는 문서를 인수받아 로테르담으로 갔으며 거기서 자살했다. 이후 샤피라가 가지고 있던 문서는 행방이 묘연하다. 후에 와서 쿰란(Qumran) 동굴에서 사해문서(死海文書)가 발견되고, 그것이 확인됨으로써 근년의 학자들 중에는 같은 지역에서 출토된 샤피라의 문서가 실물이었을지도 모른다는 의견이 나오고 있다.

다른 유명한 고고학상 위조사건의 하나로 5세기의 스키타이(Skythai) 그리스의 미술품으로 알려진 사이타파르네스(Saitapharnès)의 왕관이 있다. 그것은 오데사 출신의 직공인 이스라엘 루코모프스키(Israel Ruchomovsky)가 19세기 끝무렵의 4반세기에 만든 것이었다. 왕관은 1895년에 루브르에 5세기의 것으로 팔렸다. 하지만 후에 루코모프스키 자신이 자기가 만든 작품이란 사실을 인정했다.

또 다른 위조로는 1927년에 남프랑스 글로제 시가에서 발견된 에트루리아(Etruria)의 석관이 있다. 석관의 뚜껑에는 부부가 의지한 상이 있었다. 이것은 1873년에 이태리 케루베테리의 에트루리아인 묘지에서 출토된 것의 일부인 것으로 간주되어 에트루리아 미술의 고전으로 평가되었다. 글로제의 발견에서 불과 10년 후에 이 석관이 페넬리(Penelli) 형제의 작품이란 사

에트루리아의 석관

실이 밝혀졌다. 19세기 말, 고고학적인 것에 대한 관심이 급속도로 높아지자 두 사람은 그 흐름을 이용했던 것이다.

문헌상 최초의 위조가 나타난 것은 18세기였다. 1724년 뷔르츠부르크(Würzburg)대학교의 박물관 교수인 요하네스 바솔로뮤스 아담 베링거(Johannes Bartholomeus Adam Beringer, 1667~1740)가 뷔르츠부르크 근교에서 조개로 된 석회층에서 각종 동물과 식물 화석을 발견했다. 베링거는 그곳으로 크리스티안 젱거(Christian Zaenger) 수하의 젊은 세 농부에게 안내되어 갔다. 거기서는 약 2천 개의 석상이 발굴되었다. 그 중의 몇 개를 소년들이 뷔르츠부르크의 주사제(主司祭)와 지방의 귀족 몇 사람에게 팔았다. 1726년 베링거는 『뷔르츠부르크의 석판화』란 책을 내고, 그중 200매의 석상화를 넣었다.

이 책이 나오고 얼마 지나지 않아 스캔들이 표면화했다. 세 사람의 농촌 젊은이는 석상을 위조해 매몰하고 판매한 죄로 기소되었다. 주범인 젱거는 역사학자이며 사서인 요한 폰 에크하르트(Johann Georg von Eckhart)와 지질학과 대수학 교수인 이그나츠 로데리크(Ignaz Roderique) 두 대학교수의 꼬임에 속아 스스로 한 짓이라고 고백했다. 에크하르트는 독일의 유사 전(有史前)의 연구자로 유명했지만 지조가 없는 사람으로도 알려져 있었다(그는 가톨릭대학에 취직하기 위해 프로테스탄에서 개종했다).

에크하르트는 베링거와의 관계가 엉클어진 관계로 화석 수집에 열중하고 있는 베링거를 비웃어 주려고 은밀하게 모종의 계획을 세웠다. 그러나 그때까지는 베링거의 발굴을 가능한 한 지원하고 베링거의 석상 발굴을 공적으로도 보장할 정도의 관계였다.

젱거에게 위조 석상을 만드는 방법을 알린 사람은 로데리크였다. 청년들은 석회층에 석상을 묻고 베링거를 '보물'이 있는 곳으로 안내했다. 법정에서 위조를 교사한 자가 밝혀짐으로써 주사제로부터 사제직을 면직당한 에크하르트는 은퇴했다. 또 로데리크는 뷔르츠부르크를 떠난 뒤 저널리스트가 되었다.

많은 석상을 구입한 주사제는 이에 관한 관계 문서를 모두 봉인시켰다. 그리하여 이 문서가 다시 햇빛을 보게 된 것은 200년이 지나서였다. 베링거는 뷔르츠부르크의 학자 사이에서 조롱거리가 되었지만 그로부터 14년 후에 사망할 때까지 자기 소유의 석상에 관한 한 거의 모두가 진품이라고 믿고 있었다.

특히 최근에 와서 위조물로 판명된 미술품에 16세기의 피렌체 조각가이며 금세공사인 벤베누토 첼리니(Benvenuto Cellini)의 작품 「로스피글리오시(Rospigliosi)의 컵」이 있다. 런던의 빅토리아 알버트박물관의 학예원인 찰스 트루먼(Charles Truman)이 1929년에 19세기의 독일 사람 아헨 출신의 금세공사 라인홀트 바스테르스(Reinhold Vasters)의 작품 약 100점이 박물관에 숨겨져 있는 것을 발견했다. 트루먼은 『코노아슈르』에 이 사실을 보고했으나 그때 첼리니의 위조물에도 바스테르스가 결탁되어 있다고 진술했다. 그것을 본 뉴욕의 메트로폴리탄미술관은 르네상스의 컬렉션을 조사해 약 30점이 바스테르스의 위조품인 것을 발견했다. 그 하나가 로스피글리오시의 컵이다.

일루멘제의 사례

칼 일르멘제(Karl Iilmensee) 박사는 제네바대학교 이학부의 발생학·발생생물학 교수이다. 1983년 1월, 대학 생물학 분야의 어떤 세미나 끝에 일르멘제의 동료인 버키(K. Buerki) 박사가 "우리 일동은 일루멘제가 한, 종양에서 따낸 핵을 마우스의 난자에 이식하는 데 성공하고, 그것이 정상 태아를 형성했다고 하는 결과를 인정할 수 없다"고 발언했다. 그것은 바로 일루멘제 교수가 데이터를 날조한 것을 의미했다. 제네바라는 평화로운 고장에서 파란이 일어난 것이다.

5월 17일에 제네바대학교 이학부의 세 교수(티시레스[Tissieres], 래믈리[Lämmli], 크리파[Crippa])가 일루멘제를 만나 이 고발장을 눈앞에 들이밀었다. 회담은 사전에 다른 세 사람이 서명하고 미리 준비한 공술서에 일루멘제가 서명함으로써 끝났다. 거기(공술서)에는 "칼 일루멘제 박사의 1982년의 어느 기간의 실험 기록은 과학 윤리에 반하는 방법으로 조작한 것이다"라고 쓰여 있었다(칼 일루멘제 교수의 과학활동조사 국제위원회의 보고서[1984년 1월 30일, 제네바]로부터의 인용). 이 사건은 연구 대상으로 삼을 만한 가치가 있다.

1962년, 로버트 브릭스(Robert Briggs, 1911~1983)와 토머스 킹(Thomas King, 1921~2000)은 개구리의 배세포에서 분리한 배수(倍數) 염색체의 핵을 탈핵한 수정란에 이식한 실험을 보고했다. 태어난 양생류는 한쪽 어버이, 즉 배수 염색체의 핵을 딴 어버이의 자손이었다. 이 화제에 흥미를 느낀 일루멘제는 서둘러 메인 주 발 하버(Bal Habour)에 있는 잭슨연구소에 잠시 머물러 호페(P. Hoppe) 박사와 생쥐(mouse)로 유사한 실험을 했다. 즉, 수정한 난킹쥐의 난자핵을 다른 계의 난킹쥐 태아의 배수염체 핵과 바꾸어 놓았다. 핵을 제공한 난킹쥐는 잿빛의 오팅쥐였고 받은 난자는 검은 색깔의 난킹쥐의 것이었다. 발생해 나오는 태아는 잿빛의 오팅쥐가 될 것이다. 처치된 16개의 난자는 백색의 난킹쥐의 자궁에 심어지고 한 배(胚)로 하기 위해 처치를 하지 않은, 즉 백색 난킹쥐의 무처치 44개 난자가 거기에 가해졌다. 이로부터 태어난 것은 35마리로, 그중 32마리가 색색이고, 2마리가 잿빛, 한 마리가 액티였다. 이 실험은 이식한 난자가 정상으로 발육하는 것을 제시했다. 이 결과가 보고되자 학계는 큰 관심을 나타냈고 많은 연구자가 연구실에서 일루멘제의 실험을 추가로 실시하기 시작했다. 그러나 어느 누구도 성공하지 못했다.

이 사이에 일루멘제는 발 하버에서 제네바로 귀환해 1982의 봄과 여름, 태아성 종양(기형종)의 난킹쥐 세포에서 채취한 핵을 난킹쥐의 수정란에 이식하는 실험을 했다. 버키 박사의 동료는 이 일련의 실험이 날조된 것이라고 고발했다. 그들은 실험에 태아가 실제로 사용되었는가를 우선 조사했다. 즉, 그들은 일루멘제의 실험이 실시되었다고 추정되는 기간에 배양기가 사용되지 않았고, 부란기는 비어 있었다고 하며, 일루멘제의 실험 기록에 어느 일요일에 어떤 실험을 한 것으로 적혀 있지만 그 날 사용했어야 할 도구의 사용 흔적이 없었다고도 말했다. 이 실험에 관한 일루멘제의 초기의 보고는 아네시(Annecy)의 포유동물 태아이식회의에서 있었고, 이어서 제네바 세미나에게 보고되었지만 그 자리에서 정식으로 고발을 받고, 그것이 1983년 5월 17일의 고백서 서명 사태로까지 이르게 되었던 것이다.

잭슨연구소에서도 부정의 유무를 조사하는 위원회가 설치되었다. 이 위원회에서는 "추가로 실시되지 않았다고 해서 일루멘제·호페의 실험 결과를 부정할 필요는 없다"는 결론을 내렸다(『사이언스』도 같은 의견을 냈다. 1983년 220권 1023호). 동시에 위원회는 호페와 일루멘제에게 실험을 재현하도록 권고했다.

제네바의 고발사건은 일루멘제가 국제적으로도 유명한 사람이었으므로 스위스뿐만 아니라 해외에도 충격을 주었다.

제네바대학교의 학장은 조사위원에 해외의 과학적 전문가(expert)인 옥스퍼드의 가드너(Gardner) 교수와 런던의 맥라렌(McLaren) 박사 및 스트라스부르의 참본(Chambon) 교수를 임명했다. 제네바대학교 이학부, 법학부를 대표해 헤르(Heer), 마틴 아카드(Martin-Achard), 레놀드(Renold) 각 교수가 위원이 되었다. 위원회 청취를 하고 서류를 조사해 1984년 1월 30일에 28페이지에 이르는 보고서를 제출했다. 이 보고서

는 일루멘제의 실험 기록에 용인하기 어려운 대량의 정정, 혼란, 모순
이 있다는 것을 비판하고 있다.

이 사실과 이제까지 일루멘제가 취한, 비밀로 하여 공개하기를 거부
한 태도를 포함해 고찰하면 보고서에서도 기술하고 있듯이 일루멘제
의 젊은 동료가 몇 가지 실적, 아니 모든 실험이 날조된 것이었다고 의
심한 것은 당연했다. 하지만 실수와 모순이 쌓이고 납득시킬 만한 증
거가 없어 결론의 정당성에 대한 의혹이 결정적이 되는 과정에서 실험
기록이 날조되었다고 하는 설(說)은 변호할 수 없게 되었다.

위원회는 또 일루멘제가 국립보건원(NIH)에 제출한 '포유동물의 성
장에서의 유전의 표출'이라는 표제(表題)로 한 연구비 신청서(1983년 3
월)를 조사했다. 일루멘제는 5월 18일 NIH 앞으로 보낸 편지에서 기형
암의 핵을 생육 중인 태아 세포에 이식한 결과 기형암의 게놈에서 나
온 부분과 받는 쪽 난킹쥐의 태아에 유래하는 부분으로 되는 다색(多
色) 표피를 갖는 난킹쥐가 태어났다고 하는 문장을 삭제하도로 의뢰했
었다. 편지에는 그것은 타이핑 미스였다고 기술되어 있었다. 그러나 위
원회는 최초의 연구비 신청서의 "수컷 피부의 카메라에 관해서는 지어
낸 이야기가 들어 있다"고 점찍었던 것이다(보고서 24페이지).

발 하버 위원회 국제위원회는 함께 이식실험이 몇 번이나 반복 실시
되어 처음으로 포유동물의 클론(clone) 가능성을 사실로 받아들여야 한
다고 권고했다.

1984년 5월 29일 NIH는 일루멘제에게 준 21만 8,000달러의 연구비
를 취소했다(『네이처』, 1984년 309권 738호).

1984년 6월 7일의 『뉴사이언티스트』지에는 일루멘제가 이 잡지에
투고한 편지가 게재되어 있다(40페이지). 그 편지에서 1984년 3월 3일
동지에 게재된 일루멘제에 관한 기사(7페이지)의 정정을 요구하고 있
다. 그는 문제된 실험의 재시(再試)를 거부한 적이 한번도 없다는 사실,

조사위원회에는 실험 기록의 일부에 착오가 있었다는 사실을 인정했지만 이 착오는 실험 결과에 영향을 줄 만한 것은 아니었다. 그러므로 대학은 자신이 현직에 유임하는 것을 인정하고 있다고 진술하고 있다. 하지만 1984년 9월경에 일루멘제는 대학을 사직한 상태였다.

일루멘제 사건 중 윤리 문제에 관심이 있는 사람들을 유인한 문제는 과학 보도의 책임 소재였다. 그의 과학성의 행동조사가 정식으로 시작하기 전에, 또 국제위원회가 결론을 내기 전에『사이언스』,『네이처』,『뉴사이언티스트』등의 잡지는 과학자 집단과 일반 대중의 눈을 이 문제에 돌려놓고 말았다. 그것은 사건이 아직 '재판 전'인데도 일루멘제의 부정행위가 유죄인 것처럼 예단하고 있었다.

그와 같은 이미지가 일단 형성되면 만약 그것이 후에 무죄로 판결이 난다 할지라도 고발당한 과학자는 명예를 회복하기 매우 어렵게 된다.

위원회의 보고서를 읽어보면 누구나 일루멘제가 고발된 의혹을 씻어내지 못했다는 결론에 이른다. 하지만 설령 그에게 부정행위의 죄가 있었다 할지라도 과학지는 보고서가 나온 '후'까지 그 평가를 보류했어야 마땅하다고 강조하고 싶다. 과학자에 의한 비윤리적인 행동이 매스컴의 비윤리적인 취급을 정당화시킬 수는 없기 때문이다.

이 사건에서는 연구실 내의 인간 관계에도 문제가 있었다. 일루멘제의 예에서는 업무의 처리 상태를 어느 누구에게도 알리지 않았고, 기술을 동료에게도 가르치려 하지 않았다. 이것이 틀림없이 연구 동료로 하여금 의혹을 품게 하는 원인이 되었다(칼 일루멘제의 과학활동조사 국제위원회 보고, 1984년 1월 30일, 17페이지). 이 사건 조사에서 명확하게 밝혀진 바와 같이 실장 혹은 학부장은 학생과 지도자 혹은 연구자와 상사 간의 관계가 악화되었을 때는 그것을 인지하고 대처하는 것도 업무의 하나가 되어야 한다. 만약 양자간의 견해 차가 해결되지 못하는 경우에는 학생(혹은 연구자)을 과학적으로나 교육적으로도 전혀 도움이 되지 않는 장소에서 다른 곳으로 이동시켜야 한다.

리센코의 영욕(榮辱): 과학과 정치

1927년부터 65년까지에 걸쳐 활약한 옛 소비에트의 농학자 트로핌 리센코(Trofim Denisovich Lysenko, 1898~1976)는 본질적으로는 유전학을 박멸 상태로 몰아넣은 노력에 대해 공산당으로부터 최대의 지지를 받았다. 마르크스주의자의 이데올로기는 인간 본성의 가단성(可鍛性)이라는 개념 위에 세워져 있다. 이 개념을 옹호하기 위해 리센코는 식물의 본성도 또 그 유전 형질을 극복해 환경 조건에 따라 형성된다는 것을 보여주려고 사자가 날뛰며 덤비듯 무서운 기세로 분투했다.

리센코는 현대 과학에 대해 전면적으로 반역했다. 소비에트 농업의 최선단에까지 영향을 미친 그의 다면적인 활동은 농산물을 증산하는 수단이라면 아카데믹한 과학자보다 자신이 더 잘 알고 있다는 그의 자신감에서 유래하는 것이었다. 소비에트 농업은 35년간이나 그에게 휘둘려 왔다.

트로핌 리센코

그로 인해 수많은 지도적 과학자가 직장을 잃고 때로는 소비에트 농업의 파괴자로 고발당한 후 목숨을 잃었다.

진정한 과학자가 아니었던 리센코는 진정한 과학적 문제를 제기한 적이 한번도 없었다. 그와 그의 추종자들은 그것을 농업상 문제의 신속한 해결에 대한 현학적(衒學的) 장해라고 긴주했었다. 리센코는 원예고등전문학교(일종의 원예대학)에서 수학한 후 키예프(Kiev) 농업연구소 관할의 시골 실험센터에서 근무했다. 그는 대학원 교육을 받지 못했으며 석사와 박사학위도 가지고 있지 않았다.

리센코는 인가(人家)와 멀리 떨어진 북코카서스의 농업센터에 부임되어 거기서 겨울철용 작물을 찾는 작업을 시작했다. 그 시기에 그는 종자와 묘목을 겨울 동안 습기를 머금케 하거나 냉각시키는 등의 수속으로 알려진 이른바 '춘화(春化)'를 재발견했다. 이와 같은 처치를 받은 식물은 봄이 되어 파종되거나 이식되거나 하면 보통보다 단기간에 그 라이프사이클을 완결한다. 따라서 여름이 짧은 지방에서 춘화 처리가 된 식물은 가을이 오기 전에 수확이 가능한 셈이다.

당시 지도적인 식물생물학자였던 니콜라이 막시모프(Nikolai Alexandrovich A. Maksimov, 1880~1952)는 "리센코 등에 의해 얻은 결과는 원리적으로는 어떠한 새로운 발견도 나타내는 것이 아니다"라고 언명했다. 이들 결과는 엄밀한 의미에서 과학적 '발견'이 아니라는 뜻이다.

종자를 흡습시키거나 차게 함으로써 가을 파종 품종의 성질을 겨울 파종 품종의 성질로 전환하는 것은 미국에서 이미 1857년에 알려졌으며, 러시아의 농업신문에도 1885년에 보도된 바 있다.

독일인 식물·생리학자인 클레베(Klebe)는 금세기 초반에 출판된 『인위적 발육 변경』이라는 저서에서 같은 현상에 대해 쓰고 있다. 그후 이 책은 러시아의 식물·생리학자 클레멘트 티미랴제프(Klement Arkadievich Timiriazev, 1843~1920)에 의해 러시아어로 번역되었다. 추아르(Chouard)의 보고에 의하면 춘화(春化)에 대한 다른 연구도 1918년에 가스너(Gassner)에 의해 연구되었으나 가스너는 이 방법이 어떠한 실험적 이점을 가지고 있으리라고는 생각도 하지 못했다.

어떠한 '발견'도 하지 못했다면 어떻게 하여 춘화법이 실제로 효과를 갖는 것인가도 설명할 수 없을 것이란 비판에 격앙한 리센코는 소맥의 품종은 전부 가을 파종의 것도 겨울 파종의 것도 얼리거나 물에 담그는 것에 반응해 싹을 틔우는 시기를 앞당긴다고 1923년 이후 주장하고, 이 방법이 수확을 늘리는 것은 명백하다고 믿었다.

겨울 파종 품종의 종자는 물에 담그어 일정 온도와 습도 아래 보관되었다. 이렇게 한 후에 그 종자들은 팽창된 상태로 파종되었다. 이 일련의 처치는 발육 단계를 단축하는 것으로 생각되었다. 하지만 실상은 이 프로세스 때문에 요구되는 엄밀한 조건을 집단농장에서 재현하는 것은 쉽지 않았고, 춘화 소맥의 수확이 현실적으로는 보통 소맥보다 떨어지는 경우도 있었다.

1929년에 리센코는 오데사연구소로 전임되고, 다시 1년도 지나지 않아 이번에는 모스크바 유전학연구소로 전임되었다. 그곳에서 그는 자신의 연구를 정평 있는 과학잡지가 아닌, 대중지가 파견한 기자와의 인터뷰를 통해 보고했다. 리센코는 그의 업무를 알아보려고 하는 학술잡지의 평자에 대해서는 논문이나 데이터를 제출하려고 하지 않았다.

리센코는 춘화를 종자뿐만 아니라 줄기와 접목에도 응용해, 그의 방법은 성공했다고 주장했다. 그는 식물 호르몬의 영향에 대한 적중(積重)된 데이터를 결단코 승인하지 않고 자신은 이 현상의 반증 예를 제시했다고 주장했다(사실은 식물 호르몬이 식물의 생장과 생식 과정을 관장한다는 것이 지금까지 알려져 있다. 오늘날에는 과실의 성숙에서 접목의 뿌리 정착 유도에까지 걸친 농업상의 다목적 이용을 위해 합성 호르몬 생산을 하는 거대자본의 기업도 존재한다). 1939년에 리센코는 다음과 같이 쓰고 있다.

그처럼 발아(發芽)한 식물이 속도를 빨리해 성장하는 것을 우리는 기본적으로는 덩이줄기(塊莖)의 싹이 이식 전부터 나기 시작한다는 사실에 의해서가 아니라 그 싹이 어떤 종의 외적 조건의 영향, 즉 빛 및 섭씨 15~20도의 온도의 영향을 받는다는 사실에 의해 설명하게 된다. 이와 같은 외적 조건의 영향(그것이야말로 엄밀한 의미에서 춘화라 불리는 것이지만) 아래서, 감자의 덩이줄기 싹 중에서는 그 싹이 성장을 시작함에 따라서 그 덩이줄기가 이식된 후에 그 식물의 개화를 앞당기고 따라서 젊은 덩이줄기의 형성을 앞당기는 등의 양적인 변화가 생기는 것이다.

이 글이 표현하고 있는 것은 내용이 없는 설명이다. 리센코의 수많은 출판물과 성명으로 미루어보면, 춘화란 온갖 식물 및 그 부분에서의 생장의 최초 단계이고, 공기·습도·온도 등의 제반 조건이 다음 단계의 시작과 개화(開花)에 필수라는 것은 알 수 있다.

세월이 지나감에 따라 리센코는 더욱더 세력을 늘려 소비에트 체제 안에서 그 권세는 1948~1952년에 걸쳐 정점에 이르렀다. 그 시기에 그는 스탈린의 확고한 지지를 획득했다. 레닌농예과학아카데미(LAAAS)의 1948년 회의에서 리센코는 으스스 추위를 느끼게 하는 성명을 발표했다.

나에게 직접 전해 준 메모 한 장에 다음과 같은 질문이 쓰여 있다. 즉, 나의 보고에 대한 당중앙위원회의 태도는 어떠한 것인가라고, 나의 대답은 이러하다. 당중앙위원회는 나의 보고를 조사한 결과 그것을 승인했다.

리센코의 이 성명에 대해 청중은 기립해 박수를 보냈다. 그 무렵까지 그는 소비에트연방의 유전학을 완전히 파괴하는 데 성공했고, 가장 중요한 유전학자들을 그 지위에서 추방했다. 어떤 경우에는 유전학자들이 구금되거나 처형당하기도 했다.

예를 들면 막시모프의 운명을 보자. 춘화에 대한 리센코의 돌구신(Dolgushin)과 공저한 논문이 처음 출판된 것은 1929년에 레닌그라드에서 열린 '유전·도태·동식물의 육종' 회의에서였다. 그 회의에서 막시모프도 역시 식물의 발육 시기를 조절하는 생리학적 방법에 관한 논문을 제출했었다. 당시, 응용식물학연구소의 생리학실험실 실장이었던 막시모프는 1923년 이래 한냉 상태에서의 발아법을 시험하고 있었다. 그는 그 최초의 해에 겨울의 한기에 의해 종자가 피해를 당하지 않고 가을 파종 품종의 수확을 얻고 있었다. 리센코는 막시모프에 대한 캠페인을 선동해 막시모프는 1934년에 사라토프(Saratov)로 추방되었다.

연설과 강연에서 리센코는 춘화라는 '과학의 한 부문'을 그의 소위 사이비 과학자와 '부농(富農)'에 대한 계급 투쟁을 뒤죽박죽으로 만들었다. 그는 유전학자와 농장주를 '계급의 적'으로 부르고, 그리하여 스탈린의 지지를 획득했다. 스탈린은 1935년 공산당회의에서 "만세! 동지 리센코 만세!"라 소리쳤다.

소비에트연방 밖에서는 멘델, 모건, 휘호 드 프리스(Hugo de Vries, 1848~1935), 골드슈미트(Goldschmidt), 뮐러에 의해, 또 소비에트연방 안에서는 빌로프와 콜트소프(Koltsov)에 의해 발표된 유전의 고전적 개념이 러시아인 과학자들의 지지를 받아온 것은 1935년까지였다. 그레고어 멘델(Gregor J. Mendel, 1822~1884)은 유전 형질이 독립된 단위로 전달됨을 제시했다. 그 자손은 그와 같은 단위로 구성된 모자이크를 형질로 가지며 "그 단위가 분리 가능하다는 것을 발견함으로써 유전자의 존재를 예시했었다. 컬럼비아대학교의 토머스 모건(Thomas Hunt Morgan, 1866~1945)은 금세기 초반 초파리(Drosophila)를 사용해 유전의 '염색체' 기반을, 즉 유전이 세포핵에 국재(局在)하는 유전자에 의존하는 것을 증명했다. 또 그는 유전자가 염색체 위에 선상(線狀) 배열되어 있는 것도 증명했다.

염색체의 개념은 각각의 종으로 염색체 수가 정해져 있음을 합의하고, 또 생식세포에서의 유전자 변화(돌연변이)가 − 생식세포가 존재한다면 − 새로운 형질을 자손에게 전달하는 것을 예언했었다.

1936년에 리센코와 프레젠트(Prezent: 전문교육을 받은 변호사였으나 본인은 자신을 다위니즘 및 고등학교 자연과학 교육의 전문적 이론가라고 생각하고 있었다)는 염색체설을 거부하고, 유전의 새로운 개념을 리센코 편집의 『야로비저티아(*Yarovizatya*)(춘화)』지와 좀 더 통속적인 『소츠레콘스트투크시야(*Sotsrekonsstuktsiya Selshogo Khozaistua*)』지에 발표했다. 리센코와 프레젠트는 염색체가 생물의 다른 부분에서 독립된 유전물질을 가지고 있다는 설은(리센코가 멘델주의라고 부르는) 유전학자들의 날조이며 실험 사실에 근거한 것은 아니다"라고 언명했다. 반염색체설을 옹호하는 리센코의 주된 논의의 하나는 소맥의 가을 파종 품종인 코오페라토르카를 겨울 파종 품종으로 실험적으로 변환할 수 있다는 사실에 바탕하고 있었다. 리센코 본인의 기술에 의하면 이 실험은 한 그루의 식물과 그 식물의 단일 개체의 자식에 해당하는 제2세대와 한 알의 종자로 이루어진다는 것이지만 두 번 다시 반복되지 않았다.

가령 이 재현 불가능한 실험에 잘못이 없었다고 할지라도 그 실험은 아직 유전의 염색체설과 모순되는 것이 아니다. 왜냐 하면 식물이 A형에서 B형으로 변환하는 능력은 '본질적으로는' 유전자형적으로 결정되는 것인지도 모르기 때문이다. 리센코에 의하면 "유전의 기초를 이루는 것은 발육해 생물이 되는 세포이다. 이 세포에서 개개의 세포 기관은 각각 별개의 뜻을 갖지만 진화적 발달에 따르지 않는 부분은 아직도 없다." 리센코는 자신의 유전학을 과수 접목에서 현저한 성공을 거둔 식물의 실천적인 과수원예가 이반 미추린(Ivan Vladimirovich Michurin, 1855~1935)의 이름을 따서 '미추린주의' 유전학이라 불렀다.

레닌농예과학아카데미의 1948년 회의에서 리센코주의의 한 사람인 베렌스키는 다음과 같이 말했다.

어떠한 특수한 유전물질도 존재하지 않는 것은 연소물질소로서의 플로지스톤과 열물질소로서의 칼로릭이 존재하지 않는 것과 마찬가지이다.

이와 같은 그릇된 생각이 힘을 얻은 것이다. 그 후 1962년이 되자 같은 바보스러운 주장이 널리 퍼졌다.

유전자이론의 공허한 추상 관념과 유전의 본래의 담당자로 알려져 있는 특정한 기질 – 염색체, DNA – 을 가설로 하여 결부시켜도 그것들의 추상 관념에 대해 물질적 내용을 부여하지 않는다. 그것은 대상이 미신적인 신격화가 미신적 유물론을 산출하지 않는 것과 마찬가지이다.

기묘하게도 1946년에 노벨 생리의학상을 수상한 유전학자 허먼 멀러(Hermann Joseph Muller, 1890~1967)는 1933년에서 1937에 걸쳐 소비에트연방에서 식물 육종학자 니콜라이 바빌로프(Nikolai Ivanovich Vavilov, 1887~1943)와 공동으로 연구를 했으며, 리센코주의의 조류를 틀림없이 지각하고 있었을 것임에도 러시아에서는 유전학과 실천적인 동식물 육종의 결합에 많은 주의가 기울어지고 있는 점에 '만족감을 가지고' 기술하고 있다. 후의 여러 사건은 멀러가 전적으로 틀렸던 것을 명백히 했다. 리센코와 그 추종자들의 주장을 수용한 것은 공산당 체제에 영향을 주었다. 1936년, 인류유전학연구소 소장인 살로몬 레비트(Salomon Levit)는 나치즘의 교의를 교사한 혐의로 고발되었다. 그는 체포되고 그의 연구소는 폐쇄되었다. 레비트는 옥사했다. 마찬가지로 키예프 과학아카데미의 유전학 교수였던 이스라엘 아골(Israel Agol)과 그 아카데미의 유전학자였던 막스 레빈(Max Levin)도 그때 체포되었다. 사라토프에 있는 곡물재배연방연구소 소장의 한 사람이었던 마이스터(Meister)는 1937년에 홀연히 모습이 사라져 과학아카데미의 멤버로서의 그의 지위는 리센코에게 주어졌다. 당시 체포된 사람들 중에는 레비츠키(Levitsky: 세포학의 권위자), 고보로프(Govorov: 콩과 식물의 컬렉션

설립자), 코발레프(Kovalev; 일류 과수 육종자) 등이 있었다.

유전학연구소의 35명 멤버 중 31명이 리센코 학설을 받아들이는 것을 거부했으며, 그들 대부분은 연구소에서의 지위를 잃었다. 레닌그라드대학교 유전학연구실 실장인 카르페첸코(Karpechenko)는 체포되었다. 1948년까지 5명의 유전학자가 '리센코주의'로 전향하고 22명은 억압*을 받았으며 약 300명이 강제적으로 다른 직종에 옮겨졌다. 억압을 받은 유전학자와 비(非)리센코주의 생물학자는 77명에 이르렀다.

가장 비극적이었던 사람은 고명한 소비에트의 유전학자 바빌로프였다. 그는 용감하게도 리센코의 사이비 과학에 대해 공공연하게 비난을 이어갔다. 1940년, 그는 서(西)우크라이나에서 식물학 학술 조사 중에 체포되었다. 체포에 이어 바빌로프는 지난 날의 동료 몇 사람 야쿠신(Yakushin), 보드코프(Vodkov), 쉰뎬코(Shundenko) 등의 고발을 받아 보수반동적 모의, 영국을 위한 스파이 활동, 농가에 대한 방해 행위, 백계 러시아인 망명자와의 연락 등의 죄를 범했다 하여 법정에서 유죄 판결을 받은 다음 사형이 선고되었다. 이 판결은 후에 금고 10년으로 감형되었다.

1943년에 바빌로프는 영양실조(사망진단서에는 폐렴으로 기록되어 있었다)로 옥사했다. 바빌로프가 옥중에 있는 동안에 런던의 로열소사이티는 그를 외국인 회원으로 선출했다.

하지만 실제로 리센코주의의 귀결은 어떠했는가. 러시아의 농업은 리센코 체제 아래서 어떻게 추이(推移)했는가. 리센코는 춘화(春化)에 대한 센세이셔널한 발표를 한 후 1935년에는 농업인민위원회(Chernov) 및 LAAAS회 회장(Muralov) 앞으로 보낸 전보에서 같은 품종에 속하

---

* '억압'은 소비에트연방에서는 존재하지 않는 범죄에 대한 법제 밖의 처벌을 의미했다. 즉, 체포된 후 처형되거나 또는 강제수용소로 보내지는 것, 혹은 강제노동이 따르는 경우도 있고 따르지 않는 경우도 있는데 어떤 특정한 장소로 유형(流刑)에 처해지는 것을 의미했다.

는 소맥 간의 인공타가수정(人工他家受精)으로 겨울 파종 소맥의 새로운 품종을 개발했다고 주장했다. 이러한 새로운 품종은 모두 품종 테스트에서 실격했다. 리센코의 주장에 의하면 1936년에 채용된 품종번호 1163도 표준 품종보다 떨어지는 것으로 판명되어 결국 잊혀져 갔다. 그럼에도 불구하고 선전 활동을 3년 계속하는 동안에 리센코는 새로운 종자를 지극히 신속하게 만들어 내는 혁신자로 유명해지게 되었다. 마찬가지의 착상─1948년에 실제로 채용된 라이보리(胡麥)의 품종 간 타가수정─은 수확 감소와 다른 품종이 혼합되어 손해를 보았다는 이유로 2~3년 후에는 폐기될 수밖에 없었다.

러시아에서 영양체 생식에 의해 증식된 감자의 수확량이 떨어진 가장 큰 원인은 바이러스병 때문이었다. 하지만 리센코는 그렇게 생각하려 하지 않고 감자를 여름철에 심는다면 감산을 막을 수 있다고 주장했다(여름철에 심는 것이 가을철에만 비가 오지 않는 남쪽 지방에서는 이점을 갖고 또 열처리도 바이러스를 죽인 후에는 양호한 줄기 형성을 촉진하는 것은 사실이다). 1933년 및 35년의 우크라이나 공화국에서의 한정적 성공을 계승해 광대한 토지에서 이 방법으로 경작을 추진했지만 결국 농학자들은 그 방법을 포기할 수밖에 없었다.

또 하나 리센코의 묘안은 가래질하지 않은 시베리아의 그루터기밭에 가을 파종 소맥을 심는 것이었다. 그는 그 목적을 위해 벼락에 견디는 품종을 개발할 수 있다고 주장했지만 이 예측은 성공하지 못했다. 불행하게도 농업 전문가 중에는 절조 없는 기회주의자도 있어서, 그들은 거짓 데이터를 보고해 그 방법이 효과를 거둘 것이라는 리센코의 주장을 지지했다. 결국 수십만 헥타르의 토지를 황폐하게 만든 후 그 방법은 폐기되었다.

소비에트 농업의 개선을 위해 리센코가 이 밖에 생각해 낸 것 가운데 중앙아시아에서 여름철에 사탕무를 재배(1943~44년)한 것과 동일종 군생식림의 착상은 동일종 개체 간의 생존 경쟁(뒤에서 좀 더 상세하게 논의된다)이라는 다윈주의적 개념을 부인하는 것으로서, 그 목적은 평야 주변에 방호를 위한 삼림지대를 만드는 데 있었다.

1954년이 되어 처음으로 이 아이디어도 실패였다는 것이 명확하게 밝혀져 몇십억 루블의 손실을 입은 후 연방임학자회의는 그 계획이 잘못된 판단을 초래한 것으로서 단죄했다.

리센코는 화학비료와 유기비료를 혼합한 것을 사용한 후 80%의 토양과 20%의 비료를 혼합한 것을 사용하는, 토지 비옥화의 새로운 방법을 제창했다. 화학에 어두웠던 리센코는 여러 해에 걸쳐 과인산염과 석회를 혼합한 것을 '비료'라고 주장해 왔는데 물론 이 방법은 바보스러운 짓이었다. 왜냐 하면 그와 같은 것을 혼합시키면 불용성의 3인산칼슘이 만들어지고 말기 때문이다. 과인산염은 실제상 3인산칼슘과 황산과 인산으로 제조되므로 과인산염을 석회 처리하면 그것은 최초의 물질, 즉 3인산칼슘으로 되돌아와 모든 결과가 수포로 돌아가게 된다. 1955년에 농업성기술평의회가 몇백 번의 이르는 실험에 바탕해 리센코의 제안은 아무런 가치도 없다는 것을 제시하자 리센코는 농업상인 마스케비치(Matskevitch)에게 항의해 기술평의회의 결정은 보류되고 말았다.

접목을 사용한 영양체 생식에 의한 교잡 및 소맥의 가지가 갈라져 나오는 품종을 생산하는 데 성공할 것이라는 리센코의 착상은 실지 육종가에게 큰 고통을 안겨주었다. 그들은 리센코의 방법과 교시에 따르도록 명령을 받는다면 거의 선택의 여지가 없었다. 리센코와 그의 추종자들은 식물 호르몬 따위는 존재하지 않으며, 그런 것은 관념론자들이 만든 것이라고 주장했다. '성장 호르몬설은 사실상 망상에 불과하며 가급적 신속하게 구축되어야 한다.' 호르몬에 대한 이와 같은 태도에 영향을 받아 리센코의 동료의 동료이며 열렬한 지지자였던 프레젠트는 사변적인 이유로 호르몬 자극으로 양(羊)에게 다산(多産)시키는 실천적인 방법을 받아들이려고 하지 않았다. 이 방법을 개발한 자바도프스키(Zavadovsky)는 면직되고 그의 실험실은 폐쇄되었으며 그 방법도 금지되었다. 그로부터 불과 8년 후에 영국에서 그 방법이 성공하자 소비에트 농업상이 이를 목격해 그 방법은 소비에트연방에 다시 도입되었다. 그러나 그때 이미 자바도프스키는 이 세상 사람이 아니었다.

동계교배(同系交配)의 2계통을 교배시킴으로써 미국에서 잡종 옥수수 생산에 성공하자 리센코는 비방하며 비웃었다. LAAAS의 1946년 회의에서 리센코파의 파이긴슨(Feiginson)은 청중(및 소비에트 국민)에게 잡종 옥수수는 자본주의의 종자 회사에 이익을 안겨주기 위해 모건주의자들이 날조한 속임수라고 단언했다. CEC(중앙집행위원회)가 총회에서 미국의 그 경험적 성과를 채택하는 데는 무려 6년이나 걸렸다.

리센코주의의 앞서나간 최후의 예는 이른바 샤지종 젖소의 실험이다. 리센코는 유지방이 높은 우유를 생산할 암소의 자손을 만드는 능력이 있는 소형 수소와 대형 암소를 교배시키면 우성 형질에 부친의 고유지방 성질을 갖는 자손이 생길 것이라고 주장했다.

> 우리는 그 접합자가, 즉 대형 암소와 소형종의 수소와의 교배로 얻어지는 배(胚)가 풍부한 영양분을 함유한 소형 종계의 젖소로 발육하는 것이라 추측한다.

리센코의 이 신념은 실험적 지견이라 하기보다는 오히려 목적론적 전제에 기인하는 것이었다. 그럼에도 불구하고 리센코는 1964년 2월의 인민위원회 평의회 총회에서 소비에트의 모든 농장에서 그의 암소 교배법이 리센코의 실험농장에서 태어난 숫새끼소를 이용해 실시할 것을 요구했다. 그의 이 요구는 흐루시초프(Nikita S. Khrushchev, 1894~1971)

에 의해 지지를 받았으나 이 아이디어의 기세가 갑자기 꺾인 것은 흐루시초프가 그 해 권좌에서 밀려났기 때문이다.

지금에 이르러서는 소비에트 농업이 얼마나 리센코에 의해 부당한 아이디어 때문에 고통을 감내해 왔는가를 알았을 것으로 믿는다. 마찬가지로 용서하지 않았던 것은 일반적으로 인정되고 있는 과학이론에 대한 공격이다. 1948년 그는 종의 기원에 관해 엉뚱한 생각을 제출했다. 신종(新種)이라는 것은 동종 아비의 자손이 아니라 연속(緣績)이기는 하지만 전혀 다른 종에서 발생한다는 것이다. 『농업생물학』 지상에는 1950년부터 55년에 걸쳐 소맥에서 호밀로, 대맥에서 오트(oat) 보리로, 완두에서 가라스노완두(Vetch)로, 가라스노완두에서 렌틸(lentil)콩으로, 캐비지에서 스웨덴의 카브라로, 전나무에서 소나무로, 하시바미(filbert)에서 시데로, 한노기(alder)에서 자작나무로, 하바라기에서 스트란글위드로의 전환을 보고하는 막대한 수의 논문이 리센코의 공동연구자들에 의해 발표되었다. 이러한 보고는 모두 통상적인 대조 실험에 의한 증명을 빠뜨린, 모든 면에서 신뢰할 수 없는 것이었다. 그럼에도 불구하고 리센코는 1961년까지 이 종의 변환이론을 고집했다.

리센코의 예와 대조적으로 매우 흥미로운 것은 (염색체가 4종의 게놈으로 이루어진) 경질 소맥을 6배체의 연질 소맥으로 변환하는 데 성공한 예가 있는데, 이것은 일본의 소맥 연구자로, 소맥의 유전학 개척자인 기하라 히도시에 의해 성취되었다.

뉴델리에서 개최된 제39회 인도과학자회의 석상에서 델리대학교의 말레슈와리(P. Maleshwari) 박사는 기하라에게 만추에 파종한 염색체 수 28의 경질 소맥이 2세대나 3세대 중에 염색체 수 42의 연질 소맥으로 변환하는 소맥이 몇 개 발생했다는 실험을 보고한 리센코와 카라페티안(Karapetian)에 의한 공저 논문의 심사를 의뢰했다. 리센코는 이 논문에서 다음과 같이 쓰고 있다.

가지나눔 소맥을 소련의 레닌농예과학아카데미 실험장과 다수의 다른 장소에서 재배한 바 연질 소맥·듀라프 소맥, 오트보리·2열 대맥·4열 대맥·봄호밀의 합성종이 수확 중에 나타나는 것이 매년 연이어 관찰되었다. 우리는 우리의 일련의 관할에서 그 합성종의 당초의 시작은 가지나눔 소맥 그 자체에 있다는 결론에 이르게 되었다.

기하라는 관대하게도 리센코와 카라페티안이 관찰한 '기묘한 현상의 근거에는 헤겔과 마르크스의 철학에 대한 우연 또는 의도적인 오해가 있는지도 모른다'고 생각했다. '리센코는 사기꾼들의 혹은 공동 연구자들이 개입하는 기만적인 시스템의 희생자였는지도 모른다. 혹은 그는 과학을 정치적인 무기로 오용했는지도 모른다.'

이미 기술한 바와 같이 리센코는 종내(種內) 재배 경쟁이라는 다윈주의자의 기초 개념을 거절했다. 1956년에 그는 공적으로 이 개념에 반론을 제기하고 자연계의 동식물에 그와 같은 것이 존재하는 것을 부정했다. 소비에트연방의 당시 많은 과학자는 유전학과 다윈주의에 대한 논쟁을 순수하게 과학적인 논쟁으로 보았지만 이윽고 리센코와 그 추종자들의 견해는 사실상 거의 근거도 없이 과학을 완전히 비튼 것과 거의 다름없는 억지임이 판명되었다.

리센코의 반다윈주의적 논리(먼저 1947년에 『리테라트루나야가세타』에 이어서 1949년에 『농업생물학』에 발표되었다)는 다음과 같은 것이었다.

자연계에는 종내 생존 경쟁 따위는 없다. 다만 종간 생존 경쟁만이 있다. 늑대는 토끼를 잡아먹고 들토끼는…… 풀을 먹는다. 소맥이 소맥의 생존을 방해하는 일은 없지만 벼과의 잡초와 명아주는 소맥과는 다른 종에 속하기 때문에 그것들이 소맥 사이에 자라게 되면 소맥의 양분을 빼앗게 된다……

『농업생물학』(1949년)의 지상에서 리센코는 다음과 같이 기술하고 있다.

부르주아 생물학은 그 본질로 볼 때 부르주아적이기 때문에 그것이 본래 인정받을리도 없는 종내 경쟁이 존재하지 않는다는 원리에 근거하지 않으면 안 되는 것 같은 발견에 관해서는 이제까지 그것을 행하는 것도 불가능했고 이 이후 행하는 것도 불가능하다. 이것이 미국의 과학자들이 일군 파종을 실시하려고 하지 않았던 이유이다. 자본주의의 노예나 다름없는 미국이 과학자들은 원리와, 즉 자연과 싸울 필요 따위는 없는 것이다. 그들은 동족에 속하는 두 종류의 소맥 간에 생존 경쟁을 날조할 필요가 있었다. '자연의 영원의 법칙'인 종내 경쟁을 날조함으로써 그들은 계급 투쟁 및 백인에 의한 흑인의 박해를 정당화하려 하고 있는 것이다.

여기서 어떻게 하여 사회적·정치적 개념이 공연(公然)과 과학적 고찰을 대신하고 있는가에 주목해 주기 바란다.

1961년까지 리센코는 그의 정치적 권력의 절정에 있었다. 1961년 레닌그라드대학교 실험유전학의 회의를 소집해 100편 이상의 논문이 제출되었을 때 리센코는 개회 예정일의 2~3일 전에 흐루시초프의 전화 한 통화로 그 회의의 행정적 금지령을 매우 순조롭게 결정했다.

흐루시초프가 1964년에 실각하자 리센코는 유전학연구소 소장으로서의 지위가 박탈되고 연구소는 문을 닫았다. 이 일련의 사태는 리센코가 은총을 잃은 것을 의미하지만 그래도 포레스 메드베제프가 리센코 사건의 추이를 기록한 저서의 영역을 컬럼비아대학교에서 출판했을 때 메드베제프는 그 직에서 해임되어 있었다.

러시아의 과학자들이 샤지종 젖소의 교배에 관한 실험을 비판할 수 있는 논문을 발표하는 것을 허용받게 된 것은 1964년 이후부터였다. 보로노프(Voronov)는 리센코의 권고에 따라 순수 혈종의 수소를 리센코의 농장에서 구입한 다수의 농장에서 얻은 결과를 대조했다. 교배에 의한 잡종에 고농도의 유지방은 포함되어 있지 않았다. 유지방의 양은 샤지종 유전자의 백분율에 비례했었다. 다른 논문에서 고로딘스키(Gorodinsky)는 리센코가 유지방분의 수치를 적어도 0.29~0.49% 과장했고 실제로 암소 1두당의 우유 생산량은 연간 2,660리터였던 셈이 된다(거대한 스케일의 부정!).

다음 해, 연말까지 리센코에 대해 공격적인 신문 기사가 이어졌으나 그와 그의 지지자는 비판에 아무런 답을 하지 않았다. 1965년에 아그라노스키가 고리키레닌스크에 있는 리센코의 실험농장을 방문해 샤지종 젖소의 교배를 자세하게 연구했다. 그 결과 그는 그 농장에 있는 가축은 불과 한 마리의 견본뿐이며, 그것도 고자양분 급이(給餌) 체제에 의해 키워진 선택된 소 중에서 내밀하게 선발한 산물이었다는 결론에 이르렀다.

1965년 세모에 과학아카데미 및 소비에트 농업성은 국가조사위원회를 열었다. 이 위원회는 실험 결과의 부정에 대해 사기적인 수치 산출에 바탕한 막대한 건수의 데이터를 폭로했다. 위원회는 또 리센코설의 검증을 위한 실험계획이 공정하지 못했던 점을 발견했다. 위원회는 리센코의 방법이 경제적으로 불건전한 것이고 그의 추장은 잘못되었다는 이유로 그의 시책에 따른 실천은 모두 중지되어야 한다는 권고를 내렸다.

흐루시초프와 리센코의 몰락으로 1965년에는 생물학에서 리센코주의적 사이비 과학은 힘들이지 않고 큰 이득을 얻음으로써 생물학에서의 교수법 재검토가 이루어지게 되었다. 러시아인 학교에서 교육되는 생물학이 서방에서 널리 실시되고 있는 생물학과 유사해지는 데에는 다시 1년이 더 걸렸다.

리센코의 이야기, 즉 20세기에 충분히 확립된 유전학의 개념에 대해 그의 사이비 과학이 승리를 거두었다는 이야기는 대부분 믿기 어려운 것이다. 한 사람의 남자와 기회주의적인 몇 사람의 추종자가 농업 체제 전반에 걸친 권력을 수중에 장악한다는 것이 어떻게 하여 가능했던 것일까. 보통 과학자의 기준에서 본다면 어떻게 하여 리센코가 소비에트 농업의 정점까지 올라가는 데 성공했는가, 또 어떻게 하여 그가 그의 갈 길에서 유전학자와 기타의 비평가들에 의한 온갖 중대한 이의 제기를 배척할 수 있었는지는 확실히 불가해하다고 말할 수밖에 없다. 만약 리센코의 방법이 실제로 성공을 거두었다고 한다면 그것도 이해 가능할 것이다. 실용성을 크게 요구하는 소비에트의 방침으로 보아 농업의 실제적 결과, 즉 수확고의 증가만이 우선 받아들여져야 할 것이고, 그런데도 불구하고 후에 리센코를 영웅으로 불러도 좋은지 아닌지 충분한 논의가 시작되어야 할 과제일 것이다. 그런데 리센코의 방법은 과연 성공한 것일까?

이미 앞에서 리센코의 방법이 성공하지 못했다는 것을 나타내는 몇 가지 예를 설명해 왔다. 감자 이야기를 다시 한 번 되살펴보자. 1936년에 리센코의 지시에 따라 1만 8,000헥타르의 노지를 갈아 여름에 감자씨를 심으라는 지시가 600곳이나 되는 농장에 통지되었다. 그리고 그것을 수확할 때는 한 장의 앙케이트 용지가 송부되었다. 420개 농장만이 결과를 기입해 회송했다. 그중에서 리센코는 전부 합해 407헥타르(전 경작지의 약 2%)밖에 커버되지 않은 가장 성적이 양호한 불과 50개 농장만이 결과를 그의 아이디어의 성공을 증명하는 증거로 발표했다. 이와 같이 선택된 결과는 그 후 인민위원회에 의해 '우크라이나 남부에서 보통 봄에 심는 감자보다 2배로 크고, 품질상으로도 떨어지지 않는 감자를 수확할 수 있다'는 증거로 사용되었다. 그 감자 재배에 성공하지 못한 농부들의 경험은 전혀 고려하지 않았다.

또 하나의 실패 예는 묘목은 경합하기보다는 오히려 상조(相助)하는 것이라는 가정에 바탕한 이른바 동일종 군생식림이었다. 수백만 그루에 이르는 리센코에 의한 군생식림 중에서 절반 이상이 고사한 사실이 1952년에 밝혀졌다. 1956년에는 살아남은 것은 불과 15%밖에 되지 않았다.

리센코와 지지자들은 '사실의 왜곡, 테마, 억압, 반계몽주의, 중상, 날조의 고발, 별칭의 명명, 그리고 적대자(敵對者)의 물리적 말소'에 의해 그들의 아이디어를 각인시켜 나갔던 것이다. 메드베제프에 의하면, 이렇게 하여 "대략 30년 동안에 걸쳐 그들의 과학 개념의 '진보적인' 본성이 확증되어 왔다."

리센코의 농업상의 성공은 그것이 정치적 상층부의 승인을 받았기 때문에 리센코가 이론적 진리를 발견했다고 인지시키는 결정적인 증거로 작용했던 것이다. 이 같은 상황에 따라 리센코의 공동 연구자와 추종자들은 라이보리(호밀)에서 소맥으로의, 바이러스에서 세균으로의, 식물에서 동물조직으로의 변환 같은 사기라고 할 수밖에 없는 업적을 발표할 수 있었던 것이다.

예를 들면, 자작나무에 개암나무나 가문비나무의 가지가 나와 있는 수정된 사진을 사용하는 경우도 있었다. 리센코의 전기작가인 요라노스프키는 생생한 어조로 다음과 같이 진술하고 있다.

리센코 패거리는 소비에트 과학자들의 대·소장에 설사를 일복할 것을 강요하고 어떤 과학자들은 공중의 면전에서 배설을 시작했는데 수치를 아는 자는 내 몸 하나를 더럽힌데 반해 부끄러워야 할 자는 자신의 오물을 남에게 문질러 발라 책임을 전가하려 했다.

리센코가 잘못된 아이디어와 이론의 보급에 노력하고, 더군다나 그 아이디어와 이론들에 대한 고도의 지식이 없었기 때문에 관리가 충분하지 못한 실험에 의해 옹호하려고 했던 한 그 일 자체는 합법적인 활동이었다. 우리는 이미 선량한 과학자마저도 그 생애에서 때로는 기만적인 연구에 휘말려드는 경우가 있는데, 그렇기 때문에 과학세계로부터 추방되는 일은 결코 없을 것이란 사실을 보았던 것이다.

하지만 리센코의 경우에는 서방 쪽 문헌에서 받아들이고 있고 정반대의 증거를 전혀 무시하면서 그의 사이비 과학적 관념의 무오류성을 광언적으로 주장했었다.

그는 곧잘 부정 조작한 데이터에 의해 자신의 실험을 보강하고 최종적으로는 낯가죽 두껍게도 적대자를 말살하기 위해 소비에트연방의 정치적 권력기구에서 자신의 영향력을 행사했었다.

단순하고 알기 쉬운 방법에 의해 신속한 결과를 얻고, 농업 생산고(그것은 수요에 따르지 못하는 것이 상례였다)를 향상시키려고 하는 체제 측의 욕구와 책무는 소비에트 농업을 대략 20년이나 되돌려놓았을 뿐만 아니라 소비에트 생물과학에 대해 헤아릴 수 없는 손해를 초래한 비실용적인 위험하기 짝이 없는 행위에 다름없다.

도작인가 저작권 침해인가

과학에서는 도작(盜作)의 범위를 정하는 것이 매우 어렵다. 도작의 혐의와 아이디어 도용은 과학자 사이에서는 흔히 있는 일이다. 미공개된 소견이나 데이터를 훔치는 것은 공개된 것을 훔치는 것보다 당연히 쉽겠지만 양자의 범행 예가 있는 것은 과학자 사이에서 잘 알려져 있다.

해그스트롬(Hagstrom)에 의하면 첨단과학에 종사하는 1,309명의 과학자를 조사한 결과 25%의 사람이 타인에게 아이디어를 도용당했다거나 최소한 사사(謝辭)도 없이 아이디어를 무단으로 사용당한데 대해 불만을 품고 있었다.

죄를 범하는 데는 유인(誘因)과 기회가 있기 마련이다. 도작의 경우 유인은 확실하게 밝혀졌다. 여기서 구차하게 설명할 필요도 없다. 기회는 과학상의 규제 아래 내재(內在)하는 기구가 제공한다. 즉, 논문심사제도를 낳게 된다. 이 제도 아래 어떤 학자들은 다른 학자가 연구비 신청을 하고자 응모한 신청서나 발표를 위해 투고한 논문을 평가, 비판하기 위해 받는다. 심사 쪽 사람은 거기서 얻은 정보가 설사 자기 연구에 유용한 것일지라도 연구비 신청과 미발표 논문에서 얻은 정보는 사용하지 않는 양심이 필요하다.

이러한 위험은 현실적으로 일어날 수 있다. 그 연유는 레퍼리나 심사위원회 멤버는 같은 분야의 전문가(expert)의 리스트에서 선발되기 때문이다. 또 위작(僞作)은 무의식중에 자행된다. 사람은 때로 아이디어를 낸 학자를 착각하거나 아이디어의 본래의 주인공을 까맣게 잊고 자신이 아이디어였던 것처럼 주장한다. 레퍼리와 심사위원은 언제나 이 손의 올가미에 걸리지 않도록 주의해야 할 것이다.

오늘날에 와서는, 일의 내용에 시장 가치가 있는 저자인 경우는 특히 편집자에 대해 심사를 위한 원고를 저자가 지정한 경쟁 상대가 될 가능성이 있는 사람에게 보내지 않도록 요구하는 것이 이례(異例)가 아닌 것으로 자리 잡아가고 있다. 매독스(Maddox)는 『네이처(*Nature*)』지(1984년 312권, 487호)에 동료 심사(peer review) 제도에서의 프라이버시 비밀 수호를 구하는 논문을 발표했다.

알사브티에 얕잡아 보인 기성 체제

근년 들어 탄로난 도작의 한 예로서 엘리아스 알사브티(Elias A. K. Alsabti)의 것이 있다.

1980년 4월호의 『랜싯(*Lancet*)』에 실린 프레데릭 윌로크(E. Frederick Wheelock) 박사의 투서는 1979년의 『임상종양학』과 『네오플라스마』에 알사브티가 발표한 2편의 총설에 대해 논한 것이었다. 윌로크는 이 두 총설의 내용이 같고 게다가 총설의 3분의 2는 윌로크가 이전에 공중보건국에 제출한 '종양의 휴면 상태와 위기'란 제목의 연구비 신청서류 내용을 통째로 베낀 것임을 발견했다.

윌로크는 또 알사브티의 논문 나머지 부분이 윌로크의 초고와 같은 것임을 알았다. 윌로크의 원고와 알사브티의 총설이 매우 유사했던 것은 윌로크의 연구실에 5개월간 머물렀던 알사브티가 윌로크가 모르는

알사브티의 인사장 사인

사이에 문제의 서류에 접근했기 때문이다.

이 투서가 나오자 알사브티가 다른 곳에서도 도작한 예가 차례로 폭로되었다. 알사브티의 도작 중에서도 유명하게 된 것은 플라티나(백금) 화합물에 의한 돌연변이의 논문이다. 그것은 위르다(Wierda)와 파더닉 (Pazdernik)의 같은 주제의 논문에서 도용한 것이었다.

브로드(W. J. Broad)의 조사에 의하면, 이라크의 바슬라의과대학을 나와 내과·외과의가 된 알사브티는 요르단의 여권을 얻어 1977년에 장학금으로 미국에 왔다. 먼저 필라델피아 템플대학교의 헤르만 프리드만(Hermann Friedman) 밑에서 1개월을 지냈고, 이어서 필라델피아의 제퍼슨대학교로 가 거기서 1978년 4월까지 있었다. 1978년 9월 휴스턴의 M. D. 앤더슨병원의 기오라 마블리기트(Giora Mavligit) 박사 연구실로 옮긴 후 1980년 4월에 로아메르의 버지니아대학교에서 내과 레지던트가 되었다. 6월에 도작사건이 발각되었기 때문에 버지니아병원에서 사직당한 뒤 이후 행방이 묘연해졌다. 알사브티는 미국에 와서부터 카리브아메리카대학교에서 의학사 자격을 얻어 적어도 11개 학회에 소속되어 있었다.

1979년에 알사브티가 발표한 13편의 논문 중에서 5편이 의심할 여지가 없는 도작이었다. 13편의 논문 중 수편은 알사브티의 단독 발표였지만 어떤 것은 공저 논문이었다. 공저자인 하나니아(D. Hanania) 소장은 발표 직후 논문에 관련된 사실을 부인했다.

일부 논문에서 보이는 오마르 나세르 갈리브(Omar Nasser Ghalib)와 모하메드 하미드 살렘(Mohammed Hamid Salem)의 탈라트(A. S. Talat) 는 가공의 이름인 듯하다. 알사브티 논문의 발쇄에 적힌 주소는 영국, 프랑스 각지에서 요르단 암만(Amman)의 왕립과학협회와 바그다드의 알버스 특수단백질연구소로 전전하고 있다.

알사브티는 왜 미국에서의 근무처를 이처럼 빈번하게 옮긴 것일까. 알사브티를 최초로 채용한 템플대학교의 헤르만 프리드만은 알사브티 가 백혈병 백신을 가지고 있다고 했으나 그것이 어떤 것인지, 어떻게 만들었는가를 상세하게 말하지 않기 때문에 인격을 의심하게 되었다. 알사브티를 암의 임상연구 계획에 참가시킨 윌로크 연구 동료로부터 알사브티가 데이터를 날조한다고 듣고 연구실을 그만두게 했다. 후에 와서 알게 된 것은 알사브티는 연구실을 그만두기 수개월 전에 윌로크 가 쓴 연구비 신청서의 카피를 훔쳤던 것이다.

알사브티가 M. D. 앤더슨병원에 있는 동안에는 캔사스대학교에서 석사학위를 취득하려고 했던 위르다(Wierda)라는 사람의 논문을 도작 했다. 위르다는 논문을 투고했고, 편집자는 M. D. 앤더스병원의 제프 리 고틀리브(Jeffrey Gotlieb) 박사에게 사독(査讀)을 의뢰하기 위해 원 고를 보냈다. 그러나 그때 고틀리브 박사는 이미 사망한 후였다. 편집 자는 그것을 알지 못했다. 브로드에 의하면 알사브티는 우편함에서 그 원고를 훔쳐 자신의 논문으로 했다. 즉, 그 원고에 실존하지 않는 공저 자의 이름을 집어넣어『재패니즈 저널 오브 메디컬 사이언스 앤드 바 이올로지(Japanese Journal of Medical Science and Biology)』에 투고했다. 알사브티의 논문이 위르다와 파더닉의 논문과 다른 점은 제목과 사사 와 참고 문헌에 파더닉의 이제까지의 논문이 없는 점뿐이고 그 나머지 는 전부 같았다. 위르다는 일본 잡지에 나온 알사브티의 논문을 보고 편집자인 니쿠도 료(宍戸亮) 앞으로 이 논문은 자신이 유럽의 잡지에 발표하기 위해 투고한 것과 같은 것으로, 사독 과정에서 도용되었을 가능성이 있다고 전했다. 니쿠도는 알사브티와 M. D. 앤더슨병원의 개발연구부장인 프라이레이히(Freireich) 박사에게 문의하는 편지를 동시에 발송했다. 알사브티로부터의 답장은 없었다. 프라이레이히 박사는 알사브티는 M. D. 앤더슨병원에서 연구를 하지 않았다는 것과 그 논문이 이미 도작인 사실을 니쿠도에게 알려왔다. 이 정보를 얻은 니쿠도는 『네이처』와 『재패니스 저널 오브 메디컬 사이언스 앤드 바이올로지』에 알사브티의 논문을 철회시킨 사실을 고지했다.

『네이처』에 의하면 알사브티의 다른 논문, 간암 환자의 혈중 지방물질에 대한 논문은 요시다(吉田) 등의 논문을 도작한 것이었다.

『네이처』(1980년 286권, 433호)의 편집부는 알사브티의 유방암 림프구에 관해 쓴 논문도 실비아 와트킨스(Sylvia M. Watkins)가 『임상 · 실험면역학』에 발표한 논문과 같은 것이라고 주장했다. 양자의 다른 부분은 알사브티가 참고 문헌에 자신이 논문 「방광암의 림프구 형질 변환」(인쇄 중)을 가한 것뿐이었는데, 후자는 어디에도 투고는 물론 발표조차 되지 않았다.

알사브티의 도작은 다음과 같은 문제를 제공했다. 비슷한 혹은 전혀 같은 논문을 동시 혹은 거의 비슷한 시기에 다른 잡지에 투고하지 않았는가를 다른 과학잡지의 편집부는 어떻게 하면 파악할 수 있느냐 하는 점이다(위르다의 논문이 『유럽암 저널』에 도착한 것은 1978년 10월이고, 알사브티의 논문이 일본에 도착한 것은 1978년 11월이었다). 윌로크는 『랜싯』에 보낸 투서에서 "편집자가 같은 실수를 반복하지 않기 위해서는 처음 투고한 사람에 대해서는 신분을 확인하는 증명을 요구해야 할 것이며, 이것은 사신(私信)이니 논문 중의 사사를 확인해 참고 문헌에 빈번하게 등장하는 인물에게 그 논문의 사독(査讀)을 의뢰함으로써 확인할 수 있다"고 기술하고 있다.

자저(自著)로부터의 도작

어떤 과학자가 다른 과학자의 재료나 논문을 말 없이 베끼거나 도용해 자신의 이름으로 발표하는 이른바 '엄밀한 의미'에서의 도작 외에 자기 자신의 것을 표절하는 사례도 있다. 그것은 과학자 혹은 그 연구 그룹이 거의 같거나 전적으로 같은 것을 두 종류 이상의 잡지에 투고한 경우에 일어난다. 두 종류 혹은 그 이상의 잡지에 같은 제재(題材)에 대해 동시에 발표하는 것, 즉 이중 투고도 형식은 다르지만 내용이 거의 다르지 않은 것을 연이어 발표하는 것은 무책임하다고 하지 않을 수 없다. 잡지에는 편집 요강에서 반드시 "논문은 미발표이거나 다른 곳에서 심사 중인 것이 아니어야 한다는 양해 아래(편집에 의해) 심사된다"고 되어 있다.

어찌하여 과학자가 자기의 것을 표절하게 되는가. 그 가능성의 하나에 많은 공동 연구자로 발표한 논문이 인용될 때 제1저자 이외는 '기타'로 처리되고마는 경우가 있다. 그 팀의 다른 사람의 이름이 인용되지 않기 때문에 관여한 사람이 그 분야의 활발한 연구자로 인정되지 못한다. 그 구제책으로서 제1저자의 이름을 바꾸어 내는데, 논문의 내용은 모두 같은 소견을 약간 바꾼 것에 불과하다.

얼핏 보면, 자기 도작으로 보이는 짓을 하는 또 하나의 이유는, 저자의 대부분이 논문을 가급적 빨리 발표하고자 바라고 있음에도 불구하고 출판까지 너무 오랜 시간이 걸리는 데 있다. 그것을 고민한 저자가 두 종류 이상의 잡지에 같은 논문을 투고한다. 논문이 한 잡지에 수리되면 다른 잡지로부터는 원고를 돌려받을 작정이었지만 그것이 뜻대로 잘 되지 않으면 결과적으로 논문이 두 잡지에 발표되게 된다.

이런 짓을 북아일랜드 출신인 마크 퍼거슨(Mark W. J. Ferguson)이

Extrinsic Microbial Degradation of the Alligator Eggshell

Abstract. *The outer, densely calcified layer of the alligator eggshell shows progressive crystal dissolution, with the production of concentrically stepped erosion craters, as incubation progresses. This dissolution is caused by the acidic metabolic by-products of nest bacteria. Extrinsic degradation serves to gradually increase the porosity and decrease the strength of the eggshell.*

Science, 214: 1135, 1981

Increasing porosity of the incubating alligator eggshell caused by extrinsic microbial degradation

M. W. J. Ferguson

Summary. *The outer, densely calcified layer of the alligator eggshell shows progressive crystal dissolution, with the production of concentrically stepped erosion craters, as incubation progresses. This dissolution is caused by the acidic metabolic byproducts of nest bacteria. Extrinsic degradation serves to gradually increase the porosity and decrease the strength of the eggshell.*

Experientia, 37: 252, 1981

『사이언스』와 『익스페리엔티아』의 두 잡지에 실린 퍼거슨의 논문 타이틀 초록

저지르고 말았다. 퍼거슨은 악어 알 껍질 칼슘층의 미생물학적 변성을 연구하고 있었다. 연구 결과가 두 잡지 『사이언스』와 『익스페리엔티아 (Experientia)』에 발표되었다. 요약, 사진 그림이 두 논문에서 같았다. 그 후, 1982년 6월 발간한 『사이언스』에서 퍼거슨은 "만약 『사이언스』 에 원고가 수리된다면 『익스페리엔티아』로부터 원고를 되찾을 생각이 었다. 그러나 시기를 놓쳐 그것을 되찾는 데 실패했다"고 사과했다.

논문을 중복 발표하는 것을 로크(S. Lock)는 『영국의사회잡지(*BMJ*)』 에서 비난하고 있다. 『셀(*Cell*)』의 편집자인 벤저민 레빈(Benjamin

"*Notice of inadvertent repetitive publication:* The *BMJ* regrets that the article entitled 'Use of lasers in pinealology' by AC Block and YZ Tackle of the Medical College of the University of the Scillies (30 February 1983, p 1937) was substantially the same as 'Pinealology and laser use' by YZ Tackle and AC Block published in the *British Journal of Pinealology* (1983; **18**: 122–8). The authors hold sole responsibility for this action, which is in violation of accepted scientific ethics and of the *BMJ*'s Instructions to Authors."

『영국의사회잡지(*BMJ*)』에 로크가 낸 경고

Levin)은 『뉴욕타임스』(1982년 12월 14일호)의 인터뷰 기사에서 중복 논문에는 세 종류가 있다고 했다. 첫째는 앞의 예이고, 두 번째는 제1보고에서 기술한 것과 주요 부분은 변함이 없지만 내용이 좀 더 상세하게 된 논문을 아직 완성되지 않은 미정고(未定稿) 논문 뒤에 낸 경우이다. 제3의 자기 도작은 심포지엄의 논문집에 이미 제1선의 잡지에서 발표한 결과를 약간 손질해 신작인 양 낸 것이다. 이와 같은 행위 모두가 사독자와 독자의 시간을 낭비시키고 편집자에게 여분의 부담을 줄 뿐만 아니라 도서관의 선반을 비워 과학자 간의 교류를 막고 있다. 게다가 이에 소요되는 비용은 모두 저자 이외의 사람이 부담한다.

이와 같은 일을 막으려면 어떻게 해야 하는가. 『뉴잉글랜드의학지(New England Journal of Medicine)』는 1969년에 편집자 프란츠 잉겔핑거(Franz Ingelfinger)의 이름을 딴 '잉겔핑거 방식'을 채용했다. 이 방식에 따르면,

논문 또는 그 주요 부분은 미발표(뉴미디에 의한 것 및 한정된 범위에서 배포된 것도 포함)인 것이어야 한다는 것을 승낙하고 투고된 것일 것. 이 조건은 (a) 학회 발표를 위한 초록, (b) 공식 혹은 공개 장소에서 강연을 위해 낸 보고서에는 적용하지 않는다(편집부란, 『뉴잉글랜드의학지』, 1969년 281권 676호).

『영국의사회잡지(BMJ)』는 이 규칙을 적용하고 있지만 오늘날에 이르러서는 그 범위를 넓히고 있다. "……학회의 '기요(紀要)'에 보고한 것은 일반 학술지와 동등하게 간주해 내용이 거의 같은 것을 거부한다." 또 BMJ의 편집부는 『인덱스 메딕스(의학 색인잡지)』에 대해 규칙 위반한 것을 알리고, 중복 발표한 저자의 이름 리스트를 나열한 중요 기사를 게재할 것을 요구하는 계획을 입안하고 있다.

『셀』과『국립과학아카데미기요』에서는 지금 다른 잡지에 투고한 논문을 발표한 저자는 그 후 3년간 이 잡지에 대한 투고 자격을 박탈하는 것을 보고하고 있다. 『뉴욕의학지』는 더 앞서 나가 매스컴에 먼저 발표한 연구는 여하한 것도 투고하지 못하게 되어 있다. 이 규칙에 따라 과학자의 중요한 연구를 매스컴이 부정확하고 불완전한 방법으로 다루는 것을 막게 될 것이라고 주장하고 있다.

미국미생물학회(ASM)의 학회지 출판부는 『ASM뉴스』(1984년 50권 106호)에 투고 논문의 저자 전원에게 공통 책임이 있다고 주장함으로써 만약 도작한 내용을 포함한 논문이 동시에 서로 다른 잡지에 투고되었을 때 혹은 개인적 통신 등, 부적당한 사용이 포함되거나 다른 사람과 관련이 있는 일의 인용이 없는 경우에는 '위반자'로서 다음의 조치를 취하기로 했다. 즉, 견책(작은 과실에 대해) 혹은 3년간 『ASM』지에 다른 저자와의 공저로도 투고를 금한다는 것이다.

만약 중요한 잡지가 모두 이와 같은 규칙과 절차를 정한다면 도작과 자기 도작의 폐해는 과학 문헌에서 자취를 감추게 될 것이다.

현대 과학에서는 의학, 공학 연구에 관련되는 과학자와 기술자의 수가 늘어남에 따라 저작권에 관한 문제가 끊임없이 발생하고 있다. 주된 저자가 도와준 사람의 기여를 망각하는 사례도 있다. 이러한 의식적 혹은 무의식의 깜박 잊음(失念)도 '준도작(準盜作)'이다. 사실, 국제의서편집자위원회(12종의 의학잡지 대표자로 구성)는 이 문제에 대해 다음과 같은 태도를 나타냈다.

즉, 발표를 위해 투고한 논문에는 저자 전원이 그에 동의한다는 사실 외에 애당초 내용을 알고 있었던 사실, 논문의 복제를 가지고 있는 사실을 쓴 편지를 반드시 첨부하지 않으면 안 된다는 점, 공헌한 모든 사람에게(지식, 기술 양면에서도) 사사(謝辭)를 기술할 때 그 사람에게 사전 동의를 얻어두지 않으면 안 된다는 사실이다.

편집위원회는 신뢰할 수 있는가?

이제까지 고찰한 도작의 범위에 드는 것으로, 잡지 편집위원회의 책임-즉, 절대로 신뢰할 수 있는가-이 추궁된 흥미로운 예가 있다. 1982년 12월 예루살렘의 헤브루대학 치학부의 아이삭 긴스버그(Issac Ginsburg)는 『ASM뉴스』에 ASM의 잡지(『감염과 면역』)에 발표한 논문과 관련해 투서를 했다.

문제가 된 논문의 두 저자가 연쇄구균의 세포벽에 있는 효소에 대해 긴스버그의 연구를 전혀 인용하지 않은데 대해 항의를 제기한 것이다. (긴스버그는 그보다 약 20년 전부터 이와 관련해 8년의 논문과 총설을 발표했었다.) 이 논문이 주는 인상으로는 긴스버그의 발견도 두 저자가 한 것처럼 생각하게 했었다. 긴스버그가 『ASM뉴스』에 낸 항의에 대해 ASM 잡지는 두 저자에게 개인적인 사죄를 권했을 뿐이었다. 긴스버그는 저자 중의 한 사람이 『감염과 면역』의 편집자인 것을 넌지시 비춘 편지를 다시 투서했다.

『감염과 면역』의 편집자와 ASM의 출판부장은 긴스버그에게 보낸 편지에서 인용이 적절하지 못했던 점은 인정하면서도 그 이상 아무런 잘못이 없다고 했다. 『감염과 면역』의 편집자는

저자가 선인(先人)이 연구에 경의를 나타내지 않는 일이 흔히 있다. 이것을 의식하지 않는 연구자가 거의 없는 것은 지금의 공통 인식이다. 가능하다면 이 특수한 사건은 저자의 사죄로 끝내기 바란다.

긴스버그로부터 고충을 제기받은 다른 ASM 위원은 다음과 같이 말하면서 발표를 피했다.

나는 어떠한 인터뷰에도 응할 수 없다. 그 이유는, 나에게 보낸 귀하의 편지에서 '친전 또한 개인적'이라는 글로 시작한 점이 설령 인터뷰를 하고 싶어도 못하게 하고 있다.

이것은 매우 '교묘'한 방법으로 발표를 피하는 것이다.

긴스버그가 『ASM뉴스』 앞으로 보낸 투서에 의하면 긴스버그가 이 문제로 연락을 취한 저자는 잘못을 시인하고 사죄를 하여 자신들이 중요한 문헌을 빠뜨린 것은 간과한 탓이었다고 했다. 하지만 공적 자리에서 그 간과를 정정하는 것은 거절했다고 한다.

출판국장은 ASM 관계의 잡지에는 다음에 기술하는 것과 같은 사죄를 게재하거나 오스트레일리아 글레베의 무커(T. D. Mukhur)가 보낸 요구와 긴스버그의 "……투서가 문헌의 인용이 적절하지 못했던데 대한 비판에 시종했었기 때문에"라고 발표된 논문에 대한 비판적 의견을 발표하도록 한 요구를 거부한 잡지소위원회의 결정을 독자의 주목을 이끌도록 홍보하는 제도가 없다는 것으로 다툼을 피한 것이었다(잡지소위원회 보고, 『ASM뉴스』, 1982년 48권 117호).

긴스버그의 『ASM뉴스』에 대한 투서는 결국 "어느 학회도 속임을 당하거나 참혹한 꼴을 당한 자에게 저자가 개인적으로 사죄시킴으로써 종결시킬 수 있으므로 사죄하는 것이 저자의 논문 가치에 영향을 미치는 일은 아무것도 없다"라는 엄한 문구로 결론짓고 있었다.

긴스버그의 투서는 버나드 데이비스(Bernard D. Davis; 하버드), 스토트메이어(K. D. Stottmeier; 보스턴 시민병원), 노턴 테이츠만(Norton S. Tieichman; 펜실베이니아대학), 잔 신 첸(Jiann Shin Chen; 버지니아공과대학)과 엘빈 카바트(Elvin A. Kabat; 컬럼비아대학교) 같은 미생물학자에게 큰 영향을 미쳤다. 모두가 ASM출판국은 ASM에서 발행하는 모든 잡지에 소장과 반론을 발표하는 것을 인정하는 기구를 만들어야 한다고 주장했었다. 테이츠만은 "그러한 전문 분야는 시의적절하게 적극적인 의견을 넓히는 데 효과가 있지만 그것은 또 타협인 줄 알면서 그 길을 택하는 사람에게는 장애가 되는 기관으로 작용한다"는 의견이었다. 잔 신 첸은 사독자의 임무는 논문에 기록되어 있는 정보가 옳은가 그른가를 체크하는 것이며, 거기에는 그 분야 선인들의 연구 인용이 옳은가 그른가를 체크하는 것도 포함되어 있음을 지적하면서 이 사건에서는 사독자의 책임을 강하게 요구했다. 사독자가 투고 원고의 미세한 과오만을 지적하는 데 머물 때에도 '결과가 올바른가, 결론이 타당한가를 확인하기 위해' 원고를 매우 주의깊게 조사해야 한다. 카바트는 사적인 사죄로 끝내는 것은 부조리하다고 생각해 "ASM 관계 잡지는 예의 『1948년』의, 오웰(George Orwell)의 역사에의 접근 방법을 예정한 시기가 오기 전에 채택하고 있다"고 느끼고 있었다.

온갖 비판에 대해 『감염과 면역』의 편집자 샨즈(Shands) 박사는 2명의 저자 쪽에는 긴스버그가 지적한 바와 같은 악의와 거짓은 없으며 간과로 인한 과오였고, 또 이 문제를 종결시키는 데 충분한 사죄가 이미 개인적으로 이루어졌었다고 주장했다. 즉, 편집부에 보낸 투서에 보이듯이, 긴스버그가 요구하고 있는 공적 자리에서의 사죄에는 응할 수 없다. 첫째로, ASM 관계의 잡지는 편집자에게 보낸 편지를 게재하지 않기로 되어 있다. 두 번째로 편집자로부터 저자에게 공적인 장소에서 사죄를 요구할 수 없다고 진술하고 있다. 물론 이 성명은 앞의 잡지소위원회서 ASM 관계의 잡지에는 편집자에게 보내는 편지란을 신설하지 않는다는 결정에 바탕한 것이었다.

출판국장인 헬렌 화이틀리(Helen R. Whiteley) 박사는 "확실한지 아닌지 알 수 없는 죄상을 공표하는 것은 불공평하다", "고충이 정당한지 아닌지는 충분한 조사가 이루어져야 한다"고 기술하고 있다. 따라서 화이틀리의 의견은 논문에 관계가 있는 문헌이 적절하게 인용되고 있는가 여부를 보는 것이 사독자(한 논문에 3인)의 임무와 책임이라는 것이다. 그녀는 또 고충이 있는 경우에 저자가 발표한 것을 정정하거나 간과한 문헌을 기록할 수 있는 '저자의 정정란'을 ASM 관계 잡지에 마련할 것을 시사하고 있다. 하지만 이것은 고충을 제공한 쪽과 원저자가 진실로 간과한 잘못이었다는 것을 동의한 경우에만 유효한 아이디어이다. 동의를 얻지 못한 경우 문제가 해결되지 못하고 피해를 당한 학자는 의지할 곳이 없어진다.

여기서 생각해야 할 문제는 규모가 어느 정도나 되는 것일까 하는 것이다. 1982년에 나온 ASM 관계의 잡지 모두가 취급한 논문 수는 7,000편에 이른다. 이 중에서 문제가 된 것은 불과 2건이었다. 이들 잡지의 편집자 수는 모두 합해 750명이었으므로 각 편집자는 연 평균 적어도 약 10편의 논문을 취급하게 된다(다분히, 투고된 논문 중에서 얼마인가는 수리되지 않는다고 하면 이 수는 2배 혹은 3배가 된다). 또 편집위원회는 투고된 논문에 각각 3명의 사독자를 선정하지 않으면 안 된다. 편집자는 해당 분야의 톱 인물을 사독자로 선정할 것이다. 그 사람은 전문적인 지식을 갖고, 관계 문헌에 상세하게 간과한 과오를 쉽게 발견할 수 있다.

하지만 실제 문제로 들어가면 그렇게 이론대로만은 되지 않는다. 어떤 분야에서나 인정받는 사람은 자기 자신의 연구와 부하 및 학생의 연구 지도뿐만 아니라 대학과 연구소의 몇 가지 관리직 일이 있고, 게다가 세계적인 세미나와 회의, 워크숍에 출석을 요청받고 있다. 이와 같은 경우에 사독자로 의뢰받으면 그것을 젊은 연구원(때로는 같은 연구를 하고 있는 대학원의 학생)에게 시켜 처리한다. 이때 논문의 데이터를 납득할 수 있으면 중요하다는 이유로, 문헌의 간과를 집어내지 못한 채 논문이 수리될 위험이 잠재해 있다.

이렇게 생각하게 되면 사독자에게 책임을 전가하는 것은 이론적으로 옳고, '간과된' 저자에 대한 편집위원회의 책임 면제는 가능하지만 해결은 되지 않는 것이 명백하다. 유일한 가능성이 있는 아이디어는 화이틀리 박사가 제시한 바와 같이 잡지에 코너를 마련해 거기서 이런 류의 문제를 적절한 방법으로 해결하게 하는 것이다.

편집위원회가 원고를 공평하게 취급함으로써 다른 문제가 일어났다. 그것은 막스(B. Max)가 1984년에 쓰고 있다. 존 다시(John R. Darsee) 사건에 대해 쓴 막스는 『뉴잉글랜드의학지』이 하버드와 보스턴의 학자만을 편드는 것 같다고 보고 있다. 1981년 이 잡지에서 낸 146편의 논문 중 23편이 하버드에서, 8편이 보스턴지구에서 투고된 것이었다(22%). 이 잡지의 이름은 그것이 지방 출판물이란 것을 의미하고 있지만 현실로는 세계적인 중요한 영향력이 있는 잡지의 하나이다. 그러나 미국 이외로부터의 투고 논문은 21%에 불과하다. 막스는 모든 논문이 평등하고 엄격한 사독을 받아야 하며, 편집위원회의 결정은 저자와 연구자를 개인적으로 면식 있는 것으로 좌우되어서는 안 된다고 믿고 있었다. 그러나 막스가 주장하는 바의 약점은 보스턴 이외로부터의 투고 논문 수가 적은 사실을 무시하고 있는 점이다.

문헌의 날조: 도작의 뒤집기

과학 논문에서 우연히 맞닥뜨리는 도작에 어떤 학자가 다른 학자가 낸 논문의 결론을 고스란히 따서 자기 이름으로 발표하는 것이 있다. 문자의 세계에서는 그 행위 자체로는 악자(惡者)가 되지 않는다. 거기에는 다른 비윤리적인 관행─고명한 작가의 이름으로 전혀 있지도 않은 작품을 날조해 내는─이 존재한다. 이와 같은 고전적 위조는 고대부터 있어 왔다.

「콘스탄티누스의 결정(Constitutum Constantin)」이라는 문서는 8세기에 쓰여진 것으로 알려지고 있다. 이 문서 중에 콘스탄티누스 대제가 이탈리아의 로마와 로마 이서(以西) 모든 나라의 시정을 실베스테르(Sylvester) 교황과 그 후계자에게 양도한 것이 쓰여 있다. 이 문서는 거의 200년간 세상에 모습을 드러내지 않다가 법왕이 200년 후에 처음으로 이 문서를 이탈리아 전토를 지배하는 것이 합법적이라는 사실의 증거로 가지고 나왔다.

1440년, 학자 로렌조 발라(Lorenzo Valla)는 이 문서가 위조물이라는 것을 논문 「위조의 신빙성과 콘스탄티누스제의 할양 영토의 위조에 대해」에서 폭로했으나 그것이 공개된 것은 1517년이 되어서였다. 발라의 근거는 문서가 쓰여졌다고 하는 시대의 라틴어 특징을 분석해 얻은 소견이었다. 하지만 문서의 정당성에 대해 18세기 말까지 논쟁이 이어졌다.

18세기의 위조문서로서 유명한 것에 적어도 두 가지가 있다. 그 하나가 12세의 토머스 채터튼(Thomas Chatterton)이 1760년에 쓴 시(詩)이다. 그것은 15세기의 승려 토머스 롤리(Thomas Rowley)가 쓴 것으로 소문이 났다. 그것이 위조라는 사실이 5년 후에 밝혀져 채터튼은 자살했다.

마찬가지로 1763년에는 스코틀랜드 사람 제임스 맥퍼슨(James Mac-Pherson)이 『핑갈(Fingal)』이라 제목으로 6권의 서사시를 3세기의 음유시인 오시안(Ossian)의 작으로 발표했다. 원래의 시는 스코틀랜드의 고대 게리크어로 쓰여진 것으로 추정되므로 맥퍼슨이 그것을 번역한 것으로 되어 있었다. 그러나 시의 작자가 맥퍼슨이었다는 것은 사실이었다. 동시대의 새뮤얼 존슨(Samuel Johnson)이 이 오시안의 시가 위조된 것이라고 고발했다. 그리고 맥퍼슨은 원래의 시고(詩稿)를 보여주는 것을 거절했다. 『핑갈』은 이상한 인기를 끌어 괴테는 이를 격찬하고 나폴

레옹은 서재를 오시안 전설의 장면을 그린 그림으로 장식했었다. 위조물이란 사실이 밝혀진 것은 1790년에 맥퍼슨이 사망하고 나서 상당한 세월이 지나서였다(맥퍼슨은 웨스턴민스터 사원에 안장되었다).

금세기에 들어와서 적어도 4건의 문서 위조사건이 일어났다. 최초는 1928년이었다. 그 해, 『월간 애틀랜틱(*Atlantic Monthly*)』에 링컨과 앤 루슬리지(Ann Ruthledge)와의 왕복 서간을 "링컨의 애인"이란 제목 연재가 발표되었다. 이 편지는 본래 여우로『샌디에이고 유니온』의 칼럼니스트인 윌마 프란시스 세즈위크(Wilma Frances Sedgwick)를 거쳐 잡지사에 송달되었다. 세즈위크는 그녀의 모친인 코라 드 보이어(Cora de Boyer)의 집에 대대로 전해 온 편지라고 주장했다. 하지만 후에 코라 드 보이어 자신이 만든 위조물이란 것이 탄로났다.

두 번째 위조사건은 1947년에 일어났다. 이탈리아 베르첼리(Vercelli) 출신의 로사 판비니(Rosa Panvini)라는 모녀가 베니토 무솔리니(Benito Moussolini)의 편지라는 것을 『콜리루 듀라 세라』 신문사에 팔았다. 무솔리니의 아들 비토리오(Vittorio)와 스위스의 감정가가 이 편지는 진본이라고 보증했다. 이 모녀에 의하면 종전(終戰)이 가까운 무렵 무솔리니 수상으로부터 그녀들의 남편이며 아버지인 인물에게 보낸 것으로, 숨겨달라는 내용이었다. 별도로 30권에 이르는 일기도 가지고 있었다. 이탈리아 경찰은 위조와 사기죄로 이 모녀를 고소하고 일기 26권을 압수했다. 두 사람은 유죄였으나 집행유예로 풀려났다. 그리고 나머지 4권을 '샌디'사에 수만 달러에 팔았다. 신문사가 위조물이란 사실을 알았을 때는 돈을 돌려받을 수 없었지만 위조물이란 발표만은 면했다.

1971년에는 클리퍼드 어빙(Clifford Irving)이 미국의 억만장자인 하워드 휴즈(Howard Hughes)의 자전(自傳)을 출판했다. 어빙은 휴즈의 전기를 쓸 권리를 어빙에게 주었다는 계약을 두 사람이 체결했다는 휴즈로부터의 편지를 위조했다. 어빙은 이 편지를 이용해 맥그로힐(McGraw-

Hill)사에 휴즈의 전기를 쓰는 것을 인정시키고, 맥그로힐사는 어빙과 75만 달러의 계약을 체결했다.

우연이 거듭되고 또 휴즈의 옛날 동료 노아 두브리히(Noah Dubrich)의 제보로, 또 어떤 탐정의 조사로 휴즈 자신이 어빙의 일을 알고 위조로 고발했다. 그렇게 되자 어빙은 죄를 범한 사실을 고백해 16개월의 금고형(아내와 공범자와 함께)을 언도받았다.

과거 50년간 위조사건의 톱은 누가 무엇이라 하든 히틀러 일기의 위조일 것이다. 1983년 4월 22일, 독일의 주간지 『슈테른(Stern)』이 1932년부터 1945년까지 사이의 히틀러 일기 62권이 출판되었다는 것을 보도했다. 『선데이 타임스』, 『파리 마치』, 이탈리아의 『파노라마』는 그 일기의 출판권을 막대한 금액으로 매입했다. 『슈테른』의 편집자는 일기는 사(社)의 통신원이며 나치의 거물이기도 했던 게르트 하이데만(Gerd Heidemann)이 비밀 제공자로부터 구입한 것이라고 했다.

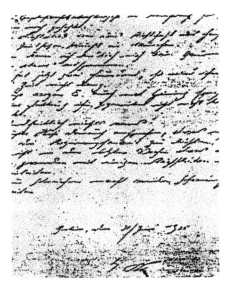

히틀러의 위조 사인

하이데만에 의하면, 히틀러가 베를린에서 사망하기 1주일 전에 소지물 전부와 일기를 신속하게 처분해 항공기에 실었으나 1945년 4월 드레스덴 가까이에서 항공기가 추락했다. 그때 잔해에서 어떤 인물이 일기를 재발견해 그것을 숨겼다는 것이다.

『슈테른』의 발표는 금세기 출판계의 큰 소동의 하나가 되었다. 케임브리지대학의 역사학자로, 히틀러 연구자인 휴 트레버 로퍼(Hugh Trevor Roper)가 이 발견이 진품이라고 보증했기 때문에 이야기는 더욱 진실성을 띠게 되었다. 로퍼는 『히틀러 최후의 날』의 저자이고, 히틀러의 필적에도 통달한 사람이었다. 그러나 몇 사람의 학자와 필적 감정가는 히틀러는 손이 부자유했다는 것과 1944년에 자살을 시도한 후에는 그것이 더 악화된 점으로 미루어보아 필적에 반영되었을 것이라고 지적했다. 게다가 히틀러는 비서로 하여금 대필시키는 습관이 있었던 사실과 동시대의 사람으로 아직 살아 있는 사람은 누구 한 사람도 히틀러가 일기를 쓴 사실을 알지 못했다는 의문이 제기되었다.

뉴욕의 자필본 전문의 중개인 찰스 해밀턴(Charles Hamilton)은 히틀러의 일기라고 칭하는 것의 사진을 보고 그것은 위조물이라고 한마디로 단언했다. 역사가인 마리 버나드(Marie Barnard), 베르너 마서(Werner Maser)와 요아힘 페스트(Joachim Fest)도 그에 동의했다.

의혹의 소리가 높았으므로 트레버 로퍼가 다시 정밀하게 검토해 결국 자신이 틀렸다는 것과 이 컬렉션은 위조물일 가능성이 있다는 것을 인정했다. 한편, 『슈테른』의 편집자 피터 코흐(Peter Koch)는 일기의 상당한 부분을 갖고 뉴욕으로 날아가 그것을 공개하고 진품이라고 주장했다.

매사추세츠 주의 뉴턴에서 온 필적 감정사인 케네스 렌델(Kenneth Rendel)은 코흐가 보여주는 일기를 보고는 그것을 사진에 담아 확대해서 살펴본 뒤 그것은 위조물이라고 결론지었다. 그럼에도 불구하고

『슈테른』은 일기의 연재 제1회 발표를 진행했다. 거기에는 1941년 히틀러가 루돌프 헤스(Rudolf W. R. Hess)가 대리로 영국으로 날아간 사실을 알고 있었던 것, 그것은 승인했었다는 것을 의미하는 부분이 들어 있었다.

일기의 이 부분이 발표된 후의 기자회견에서 화학 전문가 뤼스 페르디난드 웨르너(Luis Ferdinand Werner)가 일기를 조사해 용지와 커버, 그리고 제본, 풀과 라벨 모두 전후(戰後)에 만들어진 것임을 발견했다(예를 들면 제본에는 폴리에스테르[polyester] 섬유가 들어 있다. 그것은 전전에는 존재하지 않았다). 웨르너는 일기가 위조물이라고 결론을 내렸다.

또 일기의 내용도 나치제국의 연방 기록자 막스 도마루스(Max Domarus)의 책 『히틀러의 연설과 성명: 1932년~1945년』에서 도작한 것임이 발각되었다. 일기에는 도마루스와 같은 과오가 여러 개 있었다(브레슬라우 대회에 모인 군중을 50만 명이라 발표했지만 사실 이때의 정확한 대회 보고에서는 10만 명으로 되어 있다).

이 사실이 발각된 후 『슈테른』의 두 편집자 코흐와 펠릭스 슈미트(Felix Schmidt)는 사직했다. 런던의 『데일리 익스프레스』의 열변이 애소로 변하고, 『선데이 타임스』는 자기 기만의 악취를 불가피하게 맡아야 했던 날이었다"고 기록했다.

하이데만은 일기의 출처에 대해 시종 추구당했지만 최초의 이야기에서 전혀 변함없어 『슈테른』에서 해직되었다.

그러나 결국 그 후의 법정에서 진실이 밝혀졌다. 위조의 주범은 나치의 기록문서 중개인 콘라트 쿠자(Konrad Kujau)였다. 쿠자는 하이데만을 속인 장본인이지만 역사가 마서는 하이데만을 병적이라 할 만큼 나치 신변의 물품에 집착해 일기가 진품인 것으로 믿었고, 의심하지 않는, 속임을 당하기 쉬운 인물로 묘사하고 있다.

두 사람에 대한 최후의 법정은 함부르크에서 열려 1985년 6월에 끝났다. 재판관인 한스 울리히 슈레더(Hans Ulrich Srurihi Schroeder)는 쿠자에게 4년 6개월의 금고형, 하이데만에게는 4년 8개월의 형을 언도했다. 『슈테른』이 지불한 300만 달러의 반액이 이미 없어진 뒤였다(『뉴스위크』, 1985년 7월 22일호 22페이지).

1983년 히틀러의 일기 위조에 관한 가시로『타임 매거진』의 에드 마그너슨(Ed Magnuson)은 사회가 무엇보다도 요구하는 정확한 역사 위에 저널리스트의 편의주의를 놓았다고 말함으로써 『슈테른』을 날카롭게 비판하고 있다. 우선 공표하고 후에 그 진위를 확인하는 작태는 결코 있어서는 안 되고, 정당한 방법도 아니다.

레퍼리 시스템과 부정행위

레퍼리 시스템(referee sytem)은 학술잡지에 투고된 연구 논문이 사회에서 공유하는 가치있는 정보인지의 여부를 심사해 왔다. 그러나 이 시스템은 부정행위에 대해서는 무력해 필터(filter: 여과기)로서 기능하지 못했다. 부정행위에 어떻게 대처하며, 발표 윤리를 보급시키는가가 편집자에게 맡겨진 숙제이다.

질(質)의 필터

인간의 하루하루의 생활을 뒷받침하고 있는 과학기술은 과학 연구의 성과에 기반을 두고 있다. 연구 활동을 통해 산출되는 온갖 정보와 지식은 전문 학회에서의 동료들 간 토론과 학술지에 의한 레퍼리 시스템을 통해 그 신뢰성이 평가되고 널리 사회에 공개된다. 이 레퍼리 시스템은 과학정보의 생산과 전달 프로세스에 불가결한 것으로서, 연구 논문을 평가해 신뢰성이 높은 정보를 사회에 배포해 나가는 질(質)의 필터로 기능하고 있다. 레퍼리 시스템은 생명과학 영역에서는 흔히 동료 심사(peer review)로 불리기도 한다. 전문 지식과 전문가의 평가는 전문(專門)을 같이 하는 동료에 의해서만 심사할 수 있기 때문이다.

레퍼리 시스템은 초기의 학술잡지에서도 실시되었던 사실이 분명하게 밝혀졌다. 1665년에 창간되어 현재 학술지의 표본이 된 『철학회보(*Philosophical Transactions*)』는 편집자와 영국왕립협회(Royal Society)의 토론회 멤버(referee)의 논문 심사를 거쳐, 내용이 충분한 것이라고 간주된 뒤에야 인쇄에 회부되었다.

17세기부터 20세기 중반까지는 편집자를 중심으로 내부에서 투고된 원고가 사독(査讀)되었으나 투고 수가 늘어나고 급격하게 전문화가 진행됨으로써 논문 심사를 외부 전문가에게 의뢰하지 않을 수 없게 되었다. 현재는 레퍼리 이름을 저자에게는 알리지 않고 익명으로 하고 레퍼리 쪽은 저자가 누구인지 알고 있는 싱글 블라인드(single-blind)제로 사독을 하는 사례가 많다. 또 한 논문에 대해 두 명 정도의 레퍼리가 심사해 채택 여부의 최종 판단은 편집자가 결정하는 스타일이 일반적이다.

레퍼리 시스템에 대한 비판

이 레퍼리 시스템을 대상으로 한 본격적인 실태 조사가 과학사회학 관점에서 실시된 것은 1971년이었다. 주커만(H. Zuckerman)과 머튼(R. K. Merton)의 공저로 발표되어 레퍼리 시스템이 편향되지 않는 공정한 운영을 바탕으로 시행되고 있는 사실이 명확하게 밝혀진 이 조사는 1960년대의 과학연구 평가 시스템에 대해 신임을 부여한 것이었다(H. Zuckerman & R. K. Merton, 1971, Patterns of evaluation in science: instituionalisation, structure and functions of refereeing system, *Minerva*, 9: 66-100).

그러나 과학 연구의 치열한 경쟁과 논문의 대량생산 시대에 접어들자 레퍼리 시스템에 대한 불만과 비판이 제기되었다. 또 1970년대 후반부터 출현하기 시작한 과학의 부정행위를 방지하는 데 레퍼리 시스템이 거의 무력했던 사실과 부정에 대해 편집자를 포함한 과학계가 적극적으로 대응하지 못했던 점도 레퍼리 시스템 비판의 밑 바닥에 흐르고 있었다.

1989년 『미국의사회잡지(*JAMA*)』의 후원으로 '감시자를 감시하는 논문 심사 시스템의 연구'란 제목의, 레퍼리 시스템을 대상으로 한 본격적인 국제회의가 시카고에서 개최되었다. 이 제1회 국제회의에 대해 『미국의사회잡지』는 지상에서 다음과 같이 기술하고 있다.

논문 심사 시스템이 연구의 가치를 평가하는 가장 신뢰할 수 있는 잣대인가의 여부는 의문이며, 이 시스템을 통과했다고 해서 진실성이 증명되었다고는 할 수 없다(A. S. Rennie, E. Knoll, & A. Flanagin. 1989, The International Congress on Peer Review in Biomedical Publication, *JAMA*, 261: 749).

이와 같이 레퍼리 시스템에 대한 회의와 외부로부터의 감시 필요성이 증명되었던 것이다.

미국화학회의 윤리 가이드

미국화학회(American Chemical Society: ACS)는 그 윤리 가이드에서 논문 심사에 대해 언급하고 있으며, "레퍼리는 심사 논문을 '친전 문서(confidential document)'로 취급해야 한다"고 규정하고 있다. 즉, 편집

쪽의 허가 없이 레퍼리는 그 심사 논문을 다른 사람에게 보이거나 다른 사람에게 사독을 의뢰하거나 해서는 안 된다. 또 저자의 라이벌인 연구자가 그 심사 논문을 읽음으로써 경쟁상 이익을 얻을지도 모른다고 생각했을 때는 "그 특정한 연구자에게 레퍼리를 의뢰하지 않도록" 저자가 투고 때에 편집자에게 요구하는 권리를 인정하고 있다. 레퍼리에 의한 논문 도용의 위험에서 투고자를 지킬 책임이 편집자에게 있기 때문이다. 이와 같은 규정은 또 일반적이라고는 할 수 없지만, 화학은 화학물질을 둘러싼 특허라든가 제약으로의 응용 등, 논문 발표와 개발 경쟁이 연결되어 있는 분야이므로 주의깊은 대책이 강구되고 있다 (ACS, 1983: A. J. Bard, 1993, A reviewer's obligation, *Science*, 259: 1521).

또 세계적인 종합과학잡지인 『네이처』지도 그 집필 가이드에서, 투고자가 논문 심사자로 기피하고 싶은 연구자와 그룹이 있다면 편집자에게 요청(request)할 수 있는 대응을 하고 있다.

오픈 시스템을 향해

1999년 1월 2일의 『영국의사회잡지(*BMJ*)』(Vol. 318)에서 동지 편집위원장인 스미스(R. Smith)는 논문 심사의 익명성과 관련된 새로운 제안을 했다. 그것은 '레퍼리 이름을 익명으로 하지 않고 공개 심사를 하는' 것이었다. 이제까지 많은 잡지에서 논문 심사는 싱글 블라인드제에 의해 진행되어 왔다. 내외에서 실시된 레퍼리 시스템의 조사 결과에 따르면 이 싱글 블라인드제는 가장 많은 잡지가 지지하고 있다(제도적으로는 레퍼리명과 저자명 모두를 익명으로 하여 심사하는 더블 블라인드제와 일체의 익명성을 부정해 레퍼리도, 저자명도 공개적으로 심사하는 노 블라인드제도 있지만 모두 별로 채용되지 못했었다).

스미스 위원장이 심사 과정에서 레퍼리의 익명성을 폐기하는 결단을 내린 것은 "공개하는 것이 심사 코멘트의 질적 향상에 영향을 미치기" 때문이 아니라 윤리적인 이유에서였다. "레퍼리명을 밝힘으로써 논문 심사를 둘러싼 아이디어의 도용이라든가 질질 끄는 따위의, 익명이라는 도롱이 아래서의 심사 남용을 배제할 수 있다. 또 전자 저널이 인터넷 환경에서 현실이 되고 있으므로 저자와 독자 간의 직접적인 연결이 더욱 강화되는 경향이 있으며, 논문을 매개한 저자, 레퍼리, 독자의 상호 커뮤니케이션이 밀접해지는 만큼 열린 논문 심사 시스템의 확립이 요청된다"고 결론을 내렸기 때문이다.

또 『영국의사회잡지』의 같은 호에 '레퍼리 이름을 공개하느냐 익명을 유지하느냐가 심사 내용의 질에 영향을 미치느냐의 여부에 대한 무작위 비교 시험에 의한 조사'가 보고된 바 있었지만 그 결과는 '이 차이는 심사 내용에 영향을 미치지 않는다'라는 것이었다.

학술잡지에서, 그 잡지의 의견 기사인 에디토리얼(editorial, 社說)은 10년 전에는 일반적이었지만 현재는 시대 착오적인 스타일이 되어 환영받지 못한다. 과학 커뮤니케이션 세계는 급격하게 익명성에서 벗어나고 있다. 유럽 과학편집자협회(European Association of Science Editors: EASE)의 주요 멤버인 오코너(M. O'Connor: 이 여성은 과학 편집자로서 베스트셀러가 된 『과학논문작성법(*Writing Scientific Papers in English Elsevier*)』(1978)을 간행했다)도 "유럽이나 미국에서도 현재 모든 것이 개방사회로 옮겨가고 있으며, 이와 같은 동향은 과학 커뮤니케이션에도 해당될 것이다"라고 진술하고 있다.

1989년에 최초의 레퍼리 시스템을 주제로 한 국제회의가 시카고에서 개최되었는데, 이 회의에 감돌고 있는 기조(基調)는 이제까지 과학계에서 신뢰할 수 있는 지식을 평가해 왔다고 자부하는 '논문 심사 시스템'에 대한 비판 의식이었다. 연구 정보가 임상 응용에 의해 많은 사람의 건강에 영향을 미친 만큼 일반 사람들은 정보 평가에 대해 좀 더 큰 관심을 가지게 되었다. 과학정보의 평가를 전문가 내부에 의한 동료 심사에만 맡기는 것은 위험하다는 사실을 사람들이 깨닫기 시작한 것이다.

레퍼리 이름의 공개를 둘러싼 『영국의사회잡지』의 시도는 발표 윤리와 과학 커뮤니케이션 관점에서 보면 주목할 만한 가치가 있다. 현대의 다양한 사회 시스템은 좀 더 공개된 방향으로 크게 틀을 잡아 나가고 있으니까 말이다.

부정행위에 대한 편집자의 대응

부정행위에 대한 대응으로 편집자가 수행해야 할 역할은 편집자 단체와 미국 과학아카데미의 보고서에 기술되어 있고, 연구공정국(Office of Research Integrity: ORI)과 소속 기관에 의한 부정행위 조사에도 제시되어 있다. 그러나 이것들은 반드시 보급되었다고는 할 수 없다. 그래서 1999년 연구공정국은 부정행위에 어떻게 대응해야 할 것인가에 대한 가이드라인을 발표했다(ORI, 1999, *ORI Guidelines for Editors: Managing Research Misconduct Allegations*, Rockville: Office of Reseach Integrity). 이 가이드라인은 잡지 편집자와 연구공정국이 부정행위에 대해 어떻게 협력해야 할 것인가에 중점을 두고 있다.

국제 의학잡지 편집자위원회에 따르면 "편집자는 잡지에 투고되거나 혹은 이미 출판된 원고에 부정이 있는지 여부를 점검해, 출판 후에 부정이 밝혀진 논문에 대해서는 철회 통지를 내는 책임을 지고 있다. 그러나 부정행위가 존재했는지 여부를 결정하거나 완전한 조사를 하느냐의 대한 책임은 편집자에게는 없다. 이에 대한 책임은 지원 기관과 연구가 진행되고 있는 소속 기관에 맡겨져 있다"는 것이다.

과학계의 오피니언 리더인 미국 과학아카데미는 "잡지 편집자는 책임있는 오서십(authorship)의 운용 방침을 작성해 투고된 논문과 출판된 연구의 부정행위 지적과 고발에 대한 대응 절차에 대해서도 운영 방침을 명확하게 해 나가야 한다"는 권고를 1989년에 발표한 바 있다. 또 1992년의 과학아카데미 보고에서는 1989년의 권고를 반복해 "학회와 학술잡지는 부정행위에 초점을 맞춘 회원과 투고자에 대한 안내 자료를 작성해 계몽을 위한 회의를 제공해 발전시켜 나가야 할 것"이라고 제안했다.

연구공정국에 의하면 1992년에 이 국이 설립되고부터 1998년 말까지 사이에 63건의 부정행위에 의한 논문이 정정이나 철회를 요구받았다. 편집자는 의심스러운 원고가 있으면 연구공정국에 보고해 부정행위 고발에 따른 조사에 협력하고 있다. 그러나 이제까지의 사례에서 보듯이 편집자와 레퍼리가 부정을 발견했음에도 불구하고 그 문제에 대응하는 적절한 순서와 방법이 확립되어 있다고는 할 수 없다.

편집자는 종종 부정행위에 대처하지 않고 저자의 문제가 된 원고를 돌려주고 있는데 이와 같은 행동은 '예방'에 기여하지 못한다. 편집자가 의심스러운 원고를 추구할 책임을 포기한다면 위조되거나 날조된 데이터는 문헌 속에 묻히고 말 것이다. 편집자에게는 잡지의 공정성 유지가 기대되고 있으므로, 의심스러운 원고를 저자에게 그대로 반환하는 것은 과학계에 위해(危害)를 초래하고, 일반 사람들의 건강에도 좋지 못한 영향을 미치게 될 것이다.

연구공정국의 가이드라인의 목적은 의심스러운 원고를 보고해 부정행위의 고발을 위한 조사를 촉진시키고, 문헌의 정정을 개선해 연구의 공정성을 촉구하는 데 있다. 연구공정국은 "원고나 출판 논문을 부정행위로부터 막기 위해서는 편집자와의 협력이 불가결하다"과 간주하고 있는 것이다.

편집자는 부정행위의 고발에 대해 기관과 공중보건국에서 실시하고 있는 조사에 협력하지만 부정행위에 대한 고발을 조사하는 데까지는 요구받고 있지 않다. 그러나 이와 같은 고발이 적절하게 수행되기 위해서는 적극적으로 협력할 필요가 있고, 연구공정국은 편집자에 대한 행동지침을 제공하려 하고 있다. 그에 의하면 연구공정국은 예를 들어 "고발에 임해 상담해야 할 학외 기관이나 정부 기관의 적절한 부서를 안내하는 등, 이와 같은 고발을 어떻게 처리해야 할 것인가를 결정하기 위한 지원을 하거나" 한다.

다른 한편, 연구공정국은 고발 조사, 문헌의 수정, 연구의 공정성 보급 측면에서 편집자로부터의 지원을 필요로 하고 있다.

편집자는 다음의 방침을 정비함으로써 연구의 공정성을 확립해 나가는 데 협력해야 된다. 즉, 의심스러운 원고를 보고하고, 그것을 다루는 절차를 제시하며, 또 공저자로서의 동의 서명, 오리지널 데이터의 제출, 레퍼리 가이드, 수정과 철회 등에 관한 방침을 정하는 것들이다.

오염된 문헌의 운명

부정행위에 의한 그릇된 연구 정보는 과학정보 유통 과정에서 식별되어야 하며, 실제 응용과 연구자에 의한 인용에서 배제되어야 한다. 부정행위 사실을 인지하면 발표된 논문을 철회하고 그 정보를 데이터베이스에 기록할 필요가 있으므로 잡지 편집자와 데이터베이스 제작 기관이 수행해야 할 책무가 크다.

연구 세계에서 가장 중요한 정보자원은 학술잡지라 할 수 있다. 생명과학 영역의 연구자도 자기 전문 분야의 학술지와 『네이처』나 『사이언스』 등의 종합과학잡지, 그리고 『뉴잉글랜드의학지』 등의 종합의학 잡지를 애독하고 있다. 그러나 생명과학 분야의 대표적인 문헌 데이터베이스인 메드라인(MEDLINE)에는 세계 4,300지(誌)로부터 매년 40만 건의 논문이 색인에 부가되고 있다. 그런만큼 연구자는 잡지만을 체크하는 것이 아니라 문헌 데이터베이스를 정기적으로 검색해야 하고 자기 전문 분야의 동향까지도 추구해 나가지 않으면 안 된다. 연구 활동을 원활하게 진행하기 위해 데이터베이스는 이제 필수 정보자원이 되고 있다.

데이터베이스에서는 도용과 날조 등의 부정행위로 인해 철회된 논문이 식별되어야 한다. 그렇지 않으면 이들 논문이 과학계에 유통되어 그대로 이용되지 않을 수 없기 때문이다. 부정행위로 인해 철회된 논문이 식별되지 못하고 뒤섞여 이용되는 현상은 몇몇 조사 보고로 확인된 바 있다. 그러므로 다음 항에서는 '오염된 문헌'의 운명을 검증해 보기로 하겠다.

임상 응용된 브로닝의 예

1980년에 밝혀진 엘리아스 알사브티(Elias A. K. Alsabti) 사건은 최대 부정사건으로 간주되고 있다(상세히는 『배신의 과학자들』의 제3장 '입신 출세주의자들의 출현'을 참고). 알사브티 박사는 60편에 이르는, 이미 출판된 논문을 타이핑해 수정하고 타이틀과 저자도 바꾸어서 비교적 이름이 알려지지 않은 미국 이외 나라의 잡지에 송고했다. 논문 발표 무대가 마이너지(誌)인 경우도 있었지만 이들 논문이 과학계에서 다른 연구자에 의해 인용된 사례는 거의 없었다.

그러나 피츠버그대학교의 이학연구자였던 스티븐 브로닝(Stephen E. Breuning) 박사의 연구는 무시된 것은 아니었다. 그는 시설에 수용된 지적 장애아에 대한 약물요법을 논한 것을 1979년부터 1983년 사이에 출판한 70편의 논문 중 24편에서 발표했다. 이들 논문의 데이터는 단순하게 날조된 것이었다. 가필드(E. Garfield) 박사(그는 '인용 색인'의 창시자로 유명하다) 등은 브로닝이 쓴 부정행위에 의한 20편의 논문에 대해 다른 연구자에 의해 시행된 101건의 인용을 조사했다(E. Garfield & A. Williams-Dorof, 1990, The impact of fraudulent research on the scientific literature: the Stephen E. Breunning case. *JAMA*, 263(10): 1424-1426). 조사에서 사용한 데이터베이스는 1980년부터 1988년의 *Science Citation Index*와 *Social Science Citation Index*였다. 또 브로닝 박사의 부정행위가 과학계에 널리 알려진 것은 1986년 12월의 『사이언스』지였다(G. Holden, 1986, NIMH review of fraud charge moves slowly, *Science*, 234: 1488-1489).

조사한 결과 101편의 논문 중에서 33편의 논문은 브로닝 박사의 지견(知見)과 방법에 동의하지 않았으나 10편의 논문에서는 적극적으로 지시한 사실을 알아냈다. 58편의 논문은 중립적이고 다만 그의 과제를 다루고 있을 뿐이었다.

인용 횟수로 미루어보면, 브로닝 박사의 11편의 논문은 10회부터 26회 빈도로 인용되었다. 1955년부터 1987년의 *Science Citation Index* 파일에는 3,000만 건의 인용 문헌이 존재했으나 인용 횟수가 10편의 논문 이상의 높은 레벨에 이르는 것은 7%뿐이다. 브로닝 박사의 연구가 그 분야에 영향을 미치고 있다는 사실은 이 인용 빈도가 증명하고 있다. 그러나 인용 형태와 속내를 자세하게 검토하면 그의 연구에 대해 33편의 논문이 명확하게 지지하지 않음을 표명하고 있어 그 영향력은 명확하게 떨어진다. 또 인용한 논문의 출판 연도 분포에 의하면, 부정행위가 명확하게 밝혀진 다음해인 1987년부터 브로닝 박사의 논문 인용 횟수는 대폭 감소했다. 부정행위가 공표되고 연구자는 그의 논문을 사용하지 않도록 효과적으로 회피하기 시작한 것이다. 다만, 이 조사 결과로 미루어보면 10편의 논문은 적극적으로 평가하고 있고, 진단과 치료 같은 실제로 임상에 응용되었던 사실을 잊어서는 안 된다.

긍정적으로 계속 인용된 다시의 예

브로닝의 부정행위가 발표 5년 전인 1981년에, 에모리대학교를 거쳐 하버드대학교에 초빙되어 장래를 촉망받던 심장병 연구자 존 다시 (John R. Darsee) 박사에 의한 논문 날조사건이 밝혀졌고, 1983년에는 『사이언스』에 이 사건에 관한 자세한 기사가 보고되었다(B. J. Culliton, 1983, Coping with fraud: Darsee case, *Science*, 220: 31-35). 다시 박사는 그의 5년 동안의 연구 생활 중에서 공저와 또는 단독 저자로서 116편에 이르는 발표 업적을 쌓았다. 부정행위 조사 후 에모리대학교는 45편의 초록 발표 중에서 43편이 잘못된 것이라 선언하고 또 10편의 논문 중 8편이 잘못된 것이라고 통고했다. 한편, 하버드대학교에서는 다시의 논문 중에서 9편을 정식으로 철회했다.

다시 박사의 부정은 1981년에 폭로되었는데 실제로 그의 논문의 사용을 근절시키기는 어려웠다. 코찬(C. A. Kochan) 등은 1982년부터 1990년까지 Science Citation Index에 등재된 다시 논문과 초록에 대한 인용 수를 조사했다(C. A. Kochan & J. M. Budd, 1992, The persistence of fraud in the literature: the Darsee case. *Journal of the American Society for Information Science*, 43(7): 488-493). 그들은 영문지 안에 298건의 인용이 있음을 발견하고, 내용에 따라 '연구를 인정하고 있는 것', '연구를 부정하고 있는 것', '다시 연구의 부정에 대해 언급하고 있는 것' 등 3개의 카테고리로 분류했다. 그 결과에 의하면 다시 박사의 논문은 1990년에도 256건의 긍정적인 인용을 받았고 그 비율은 85.9%에 이른다고 한다. 이 85.9% 중에는 명백하게 철회된 논문도 포함되어 있었다. 부정행위가 과학계에서 크게 다루어지고 있음에도 불구하고 다시 박사의 기록은 아직 많은 인용을 받고 있었던 것이다. 이 예는 인용되지 않아야 할 논문이 부정행위에 의한 것이란 사실이 충분히 알려지지 못한 채 과학계에 유통된 현실을 분명하게 보여주고 있다.

발표에 뒤돌아선 편집자와 공저자

1985년에 캘리포니아대학교 샌디에이고교의 심장방사선의학 수련의였던 슬러츠키(R. Slutsky) 박사의 부정행위가 동 박사의 조교수로의 승진을 검토하고 있던 심사원에 의해 지적되었다. 두 논문 중의 '명백하게 중복된 데이터'를 심사원이 발견해 의문을 가졌던 것이 단초(端初)가 되었다(R. L. Engler, J. W, Covell, P. J. Friedman, P. S. Kitcher, & R. M. Peters, 1987, Misprepresentation and responsibility in medical reseach. *New England Journal of Medicine*, 317: 1383-1389). 슬러츠키 박사는 1978년부터 1985년 사이에 140편 가까운 논문을 발표했었다. 7년간에 걸쳐 20일간 사이에 1편의 논문을 쓴 셈이 되므로 매우 고속의 논문 생산량이라 할 수 있다.

샌디에이고교에서는 교수회를 중심으로 슬러츠키 박사의 135편에 달하는 논문 모두를 점검해 관련되는 30개 학술잡지에 '어느 논문이 오류가 없고 어느 논문이 의문이 있는 것인가', '부정에 의한 것은 어느 것인가'를 보고했다. 오류가 없는 논문 75편, 의문이 있는 논문 48편, 부정행위에 의한 논문 12편이 식별되었다.

샌디에이고교는 부정행위에 의한 논문에 대해 각 잡지의 대처 방침과 잡지 편집 쪽의 결론을 알려주도록 편지로 요청했다. 하지만 잡지 쪽의 대응에는 신속성이 결여되고, 반수(半數)의 잡지로부터 회답을 얻는 데 2년 이상이 걸렸으며, 세 번에 걸친 독촉 편지를 발송해야만 했다. 부정행위가 명백하게 밝혀졌을 때 잡지의 입장에 어떻게 대응하느냐, 그 절차와 규칙을 명기하고 있는 곳은 거의 존재하지 않았다. 잡지 편집위원회에 의심스러운 출판물의 문헌 리스트를 제시하고, 그 설명을 출판하도록 요청하는 편지를 발송한 샌디에이고교의 프리드만(P. J. Friedman) 박사는 슬러츠키 논문의 공저자들이 직접 행동을 보이지 않으면 잡지 측은 철회나 정정을 자진해서 하려고 하지 않는다는 사실을 깨달았다.

프리드만 박사는 또 슬러츠키 논문의 공저자와 연락을 취해 보았다. 공저자들은 그들의 조사 결과를 추시(追試)하거나 논문 내용을 수정하거나 하는 일에는 거의 대부분 관심이 없었으며, 두 명의 저자는 샌디에이고교의 회답 요청을 거절하고 그 밖의 58명은 침묵한 채로 아무런 반응도 없었다. 이 사람들은 '무책임한 공저자(irresponsible co-authoship)'라 표현할 수 있을 것이다. 공저자가 된 동료들은 원고 집필이나 내용 사독에 협력하지 않고 기꺼이 슬러츠키 논문의 공저자가 되는 것을 수락한 사람들이다. 슬러츠키 박사의 사례를 조사한 프리드만 박사는 "슬러츠키 논문의 공저자에 관한 경험에서, 공저자들은 연구 결과의 재현과 내용이 수정을 솔선해서 하려고 하지 않았다"고 회고하고 있다(P. J. Friedman, 1990, Correcting the literature following fraudulent publication, *JAMA*, 263(10)∶ 1416-1419). 1991년판 「생물의학잡지 투고에 관한 통일 규정」에서는 원고 작성에 기여했음을 증명하기 위해 모든 저자에 의한 서명을 요구하도록 권고했는데, 그것은 이와 같은 부적절한 오서십을 수정하기 위해서일 것이다.

문제는 이 밖에도 또 있었다. 컴퓨터 데이터베이스를 통해 슬러츠키 논문의 타당성과 철회에 대해 검색할 수 있었던 것은 불과 일부분뿐이었다. 철회에 관한 성명문 중 7편만이 미국 국립의학도서관에서 제작하고 있는 메드라인의 키워드인 '철회 논문(retraction of publication)'에서 검색되지 않았다. 이 철회 통지에서 밝힌 것은 슬러츠키 박사의 60편이나 되는 철회 논문과 의문스러운 논문 중 15편에 지나지 않았다. 이것은 메드라인 측의 문제라기보다 잡지 편집자 측의 표기에 통일성과 해명성이 결여되어 있기 때문이다. 그래서 국제의학잡지 편집위원회는 '철회의 취급 기준'을 1988년에 성명으로 발표했다.

논문의 철회는 분명하게 철회라 명시하고 잡지의 눈에 잘 띄는 위치에 명시해야 한다. 즉, 반드시 목차란에 게재되어야 하며 또 철회된 논제명을 목차 안에 명기해야 하며 편집자에게 보내는 편지란 등에 게재해서는 안 된다(E. J. Huth, 1988, Retraction of research findings: statement of the International Committee of Medical Journal Editors, *Annals of Internal Medicine*, 108: 304).

데이터베이스 제작 기관의 대응

많은 의학 논문 중에서 필요한 것을 검색하는 정보원(情報源)인 의학 문헌 데이터베이스는 연구자, 의사, 의료 관계자 저널리즘, 그리고 일반 사람들에게 정보 홍수를 돌파하기 위한 중요한 도구이다. 그런만큼 그 질적인 관리는 검색 방법과 색인의 개량과 더불어 데이터베이스 발전을 위한 포인트가 된다.

미국 국립의학도서관에서는 1984년에 메드라인 데이터베이스의 검색어에 '철회 논문(retraction of publication)'을 추가해 이용자가 '철회에 대해 언급한 논문'을 식별할 수 있도록 했다. 또 1992년에는 '논문의 철회, 주기(注記), 오류 등에 대한 미국 국립의학도서관의 방침'을 발표했다. 그리고 그 전년에는 논문의 종류를 표시하기 위한 '출판 형태'라는 새로운 레코드 필드(record fields)를 추가해 잡지 논문, 레터 논문, 리뷰 논문, 따위의 용어뿐만 아니라 '부정행위 등으로 철회된 논문과 철회의 공고, 중복 발표 등의 논문'을 식별할 수 있도록 했다.

의학 분야에서 최대 문헌 데이터베이스 제작 기관인 미국 국립의학 도서관은 메드라인 데이터베이스에 수록된 논문에 관계되는 철회 기사, 오식(誤植) 등에 대해 이용자기 반드시 깨달을 수 있도록 하고 있다. 구체적으로는, 출판된 철회와 오식 등의 기사를 원래의 문헌 코드와 연계시키고 있으며, 검색 이용자는 '잘못으로 인해 철회된 논문'임을 화면상에서 쉽게 식별할 수 있다. 철회 통지와 오식 기사는 잡지 독자가 간과하기 쉽고, 브로닝의 논문처럼 부정행위가 공표된 후에도 상당수 이용되는 사례가 있는 만큼 메드라인과 같은 취급은 문헌 데이터베이스의 신뢰성을 높이기 위해서도 중요한 사안이라 할 수 있다.

오서십과 발표 윤리
―발표 윤리 문제와 오서십의 새로운 정의

부정행위는 오서십(authorship)의 적절하지 못한 운용과 공존하는 사례가 두드러진다. 발표 업적의 신임을 나타내는 오서십의 오용은 발표 윤리 측면에서 검토해 나갈 필요가 있다. 여기에서는 늘어나는 저자 수와 다산하는 저자의 실태를 통해 오서십의 문란함을 검토한다.

1970년대 후반부터 종합과학잡지와 뉴스 미디어들이 과학자의 부정 행위를 다루면서부터 과학 연구의 공정성(scientific integrity)이 점차 사회문제로 부각되기 시작했다. 이제까지 과학 연구의 세계에 부정이 있을 리 없다고 믿었던 사람들에게 저명한 일류 대학을 무대로 한 데이터 날조라든가 논문 도용을 둘러싼 스캔들의 출현은 큰 충격이 아닐 수 없었다. 인간의 건강에 영향을 미치는, 공적 자금이 뒷받침된 생명 과학 연구에서도 신뢰성은 의심받게 되었다.

한편, 논문의 오서십 문제는 도용 등의 부정행위와는 달리 큰 문제로 다루어지지 않았다. 그러나 이제까지 예거한 사례를 통해서도 알 수 있듯이, 날조·위조·도용을 통한 많은 부정행위가 오서십의 오용과 일맥상통하고 있으므로 서로 떼어놓고 논의할 수 없다. 부정한 연구로 작성된 논문의 내용을 확인하지도 않고 어떻게 자신의 이름을 끼워넣을 수 있었을까? 그것은 기프트 오서십(gift authorship), 명예와 예의에 의한 오서십(hononary authorship) 등이 과학계에서 일상적으로 이루어졌고, 누구도 그것에 의문을 갖지 않았기 때문이다.

'연구 내용에 본질적으로 기여하고, 발표에 책임을 진다는 것을 공언'하는 오서십이 업적주의라는 풍조 속에서 최근 크게 일그러지고 있다. 단독 저자가 논문을 집필했던 시대는 끝나고, 공동 연구를 통해 다수의 저자가 발표하는 경향이 늘어나는 세태에 편승해, 이름을 곁들일 권리도 없는 사람이 버젓이 저자로 끼여 있다. 마치 연구자 서로가 선물을 주고받듯이 기프트 오서십이 자행되고 있는 것이다.

오서십을 중심으로 한 이와 같은 문란함은 과학계에 이미 깊게 침투되어 있다. 따라서 과학 연구의 공정성과 과학 정보에 대한 신뢰성을 유지하고 발전시키기 위해서는 새로운 상황에 적합한 오서십의 정의가 연구되어 세계에 공유되어야 한다.

늘어나는 저자 수

최근 과학 연구의 발표를 둘러싼 한 가지 특징은 '저자 수의 증가'이다. 예를 들면, 물리학 영역에서 「가속기를 사용한 거대 연구 프로젝트인 고에너지 연구」처럼, 공동 연구자가 100명 이상인 논문도 이제는 유별난 것이 아니고, 『사이언스』에 실렸던 황우석 박사의 2차 논문도 24명이나 되는 저자가 있었음을 우리는 보았다. 이처럼 다수 저자에 의한 논문은 1980년대부터 출현해 1990년대 들어서는 100명 이사의 공저자 논문 수도 수백 건에 이르렀다.

이와 같은 극단적인 다수 저자 현상은 다른 분야로까지 확대되었고, 1990년에 들어서서는 의학 연구 영역에서 두드러졌다. 특히 다수 기관의 참가를 필요로 하는 대규모 임상시험은 저자 수의 압도적인 증가를 초래했다.

1993년 『뉴잉글랜드의학지(*New England Journal of Medicine*)』에는 한 논문에 972명의 저자가 참여한 대규모의 임상시험 보고가 게재되었다. 흥미로운 사실은, 이 논문의 단어 수를 저자 수로 나누면 한 사람당 겨우 2 단어밖에 되지 않는다는 계산이 나온다(A. Pitemick, 1994, Multiple authorship in scientific journals, *Journal of Scolarly Publishing*, 25: 248-249).

또 1994년 『뉴잉글랜드의학지』에 게재된 만성 신질환자에 대한 임상시험 보고에는 클라르(S. Klahr)를 제1저자로 하는 7명의 저자와 함께 263명의 공동 연구자가 논문의 부록에 저자로 등재되어 있었다.

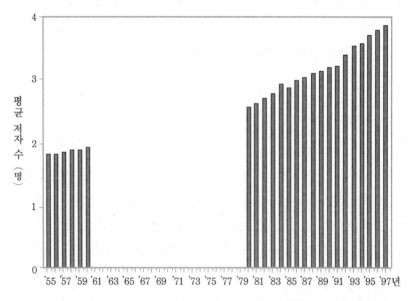

Science Citation Index에서 본 평균 저자 수의 변화(1955~1997년)

의학 분야에서 과학적인 증거에 입각한 질 높은 의료 제공을 목표로 한 EBM(evidence-based medicine)의 지향이 확대됨에 따라 무작위화 비교 연구에 의한 대규모의 임상시험 연구가 증가하게 될 것을 고려할 때, 물리학 분야뿐만 아니라 의학 분야에서는 100명 이상의 저자를 갖는 논문은 앞으로도 늘어날 것으로 예상된다.

군이 이와 같은 극단적인 저자 수의 증가 현상이 아니어도 과학 논문에서 논문 1편당 평균 저자의 수는 *Science Citation Index/Comparative Statistical Summary 1955~1997*(Philadelphia, ISI사)에서 찾아볼 수 있다. 1961년부터 1979년까지의 데이터를 산출했는데 앞의 표는 1955년부터 1997년까지의 변화를 보여준다. 즉, 1955년의 평균 저자 수는 1.83명이었던 것이 1997년에는 3.84명으로 늘어났다. 이 평균 저자 수는 원저(原著) 논문뿐만 아니라 레터(letter; 속보성을 중시한 시보) 논문, 코레스폰던스(corespondens; 독자로부터의 투고 기사), 에디토리얼(editorial; 편집자에 의한 논설 기사) 등 모든 서명 기사를 대상으로 한 것이므로 원저 논문만을 대상으로 한다면 더 높은 평균값을 나타낼 것이라고 생각된다.

저자 수의 변화에 대해 잡지마다 각각 몇 가지 조사 데이터를 제시하고 있다. 듀랙(D. T. Durack)은 세계를 대표하는 종합의학잡지인『뉴잉글랜드의학지』의 논문을 대상으로, 단독 저자의 비율을 조사한 바 있다(D. T. Durack, 1978, The weight of medical knowledge, *New England Journal of Medicine*, 298: 773-775). 1세기 전인 1886년에는 단독 저자의 논문이 98.5%였던 것이 1946년에는 49%로 감소하고, 1976년에는 불과 4%로 떨어졌다. 제2차 세계대전 이전에는 대부분의 논문이 단독 저자에 의해 발표되었지만, 전쟁 후에는 복수의 저자에 의해 발표되는 사례가 늘어났다.

또 버만(K. D. Burman)이『뉴잉글랜드의학지』와 미국 내과의학회의『미국내과의학연보』를 대상으로 조사한 바에 의하면, 원저 논문의 평균 저자 수는 1930년『뉴잉글랜드의학지』에서 1.2명,『미국내과의학연보』에서 1.3명을 기록했으나 1969년에는 두 의학지 모두 3명 이상으로

『뉴잉글랜드의학지』와 『미국내과의학연보』의 평균 저자 수

연도	『뉴잉글랜드의학지』	『미국내과의학연보』
1930	1.2명	1.3명
1969	3.8명	3.2명
1979	5.2명	4.7명

출처: K. D. Burman, 1982, Hanging from the masthead: reflections on authorship. *Annals of Internal Medicine*, 97: 602-605.

증가했고, 1979년에는 더 큰 증가 추세를 나타냈다.

이처럼 100명이 넘는 극단적인 다수 저자 논문의 출현이라든가 과학 논문의 평균 저자 수 변화, 그리고 의학 분야를 대표하는 잡지의 저자 수 변화 등을 생각해 보면, 지금의 과학 연구 발표에서 공저자 수의 증가가 특징적인 현상임을 쉽게 이해할 수 있다.

그렇다면 한 논문당 저자 수의 증가 현상은 왜 일어나는 것일까? 물리학의 예에서 기술한 바와 같이 거대 연구 프로젝트(빅 사이언스)는 필연적으로 다수의 저자에 의한 논문을 탄생하게 했다. 또 연구의 세분화가 진행됨에 따라 많은 전문가의 협조 없이 단독으로는 우수한 연구를 하기가 어렵게 되었다.

예를 들면, 임상의가 연구 결과를 발표하는 과정에서 병리학 전문가, 기초의학 연구자 등 다양한 사람들의 협력이 필요하고, 이것은 필연적으로 저자 수의 증가로 이어지게 되었다. 최근에는 임상연구에서 통계 기법의 적절한 사용이 중시되어 통계 전문가도 저자로 참가할 것을 요청하고 있다.

또 조직적으로 연구하는 공동 연구 스타일이 변화된 관계로 국내 관련 기관 연구자들과의 협력뿐만 아니라 국제적인 공동 연구도 크게 활성화되고 있다. 이와 같은 요인은 과학 연구와 그 성과를 발표하는 데 저자 수가 늘어나게 된 필연적인 이유일 것이다.

그러나 동시에 오서십의 관점에서 볼 때 몇 가지 문제점을 지적하지 않을 수 없다. 즉, 본래 저자가 아닌 사람들이 저자로 기재되어 있는 사실인데, 이로 인해 오서십에 대한 신뢰와 책임이 크게 흔들리게 되었다.

다산한 연구자

유명한 종합과학잡지인 『사이언스』지에 1981년부터 1990년 사이, 즉 10년 동안 세계적으로 가장 다산(多産)한 연구자 20명을 발표한 바 있다(Anonymous, 1993, Scientific papers: top produces of 1991, *Science*, 259: 180).

첫째는 러시아의 결정화학 연구자인 유리 스트러코프(Yuri T. Struchkov)로, 10년 사이에 그는 논문 948편의 저자로 등장했다. 이것은 평균 3.9일에 논문 1편을 발표했다는 이야기가 된다. 상위 20위 안에 이름이 오른 연구자들 대부분 모두 활발하게 연구 활동을 하고 있는 연구 그룹이나 조직의 지도적 연구자였으며, 그들은 연구팀의 멤버가 발표하는 거의 모든 논문에 자신의 이름을 올렸다. 스트러코프가 소속된 유기물질화학연구소(Institute for Organoelemental Chemistry)는 우수한 실험 장비를 갖추고 있었는데 그 장비를 이용했던 많은 연구자가 그에 대한 보답으로 스트러코프를 논문의 공동 저자에 끼워넣었던 것이다.

또 『사이언스』지에 의하면, 1991년 한 해 동안 최다 논문 집필자는 피츠버그대학교의 이식(移植) 전문 외과의인 스타즐(T. E. Stazl)로 그는 논문 155편을 제출했다. 2.4일에 논문 1편을 완성한 셈이다. 이 해에 연간 50편 이상의 논문을 발표한 사람은 위에 소개한 스트러코프를 포함한 총 12명이었다.

이와 같은 논문의 다산 현상은 연구자의 관리 능력과 정치적인 권위를 반영하는 것이지만 연구 성과의 실질적인 기여라는 점에서는 의문이 남는다.

오서십의 정의

오서십의 문란함이나 불신은 정보의 홍수를 조장할 뿐만 아니라 최종적으로는 과학 연구의 공정성을 뒤흔드는 중대한 문제로 이어지게 된다. 그래서 1985년에 일명 밴쿠버그룹이라 불리는 국제의학잡지 편집자위원회(Intevnational Committee of Medical Journal Editors: ICMJE)가 '오서십에 대한 성명'을 발표했다. 이 성명은 이후 편집자들에게 일종의 기준으로 다루어지게 되었다.

이 성명에서 지적한 '저자'의 정의는 '발표된 연구 내용에 책임을 지고, 연구에도 충분히 공헌한 사람들'로(ICMJE, 1985, Guidelines for authorship, *BMJ*, 291: 722), '조언이나 기술적인 협력만 한 사람'은 저자가 아니다. 또 '데이터를 수집했을 뿐인 사람'에게도 오서십은 주어지지 않는다.

또 간혹 실질적으로 공헌한 것이 없으면서도 단지 연구팀의 책임자였다는 이유로 저자에 포함되는 예를 볼 수 있는데, 이것은 분명히 잘못된 관습이다. 이런 사람들은 모두 사사(謝辭)로 기재하면 되는 사람을 저자로 떠받든 사례이다. 따라서 저자에 포함되는 경우와 사사로 거명하는 경우를 구별하는 지혜와 용기가 연구자에게 요구된다.

저자 수의 증가 원인에는 업적주의와 지원금 획득 등 과학 활동을 둘러싼 불공정한 측면이 존재한다. 그릇된 오서십의 대표적인 예로는 다음과 같은 사항을 들 수 있다.

1. 의례(儀禮)의 오서십

   특정한 사람의 명예를 위해 실질적으로 기여하지 않았음에도 불구하고 의례적으로 저자에 포함시키는 예

2. 기프트 오서십

   선물을 바치듯, 본래의 저자가 아님에도 불구하고 저자에 포함시키는 예

3. 동료 편들기 오서십

   연구에 직접적으로 관여하지 않았음에도 불구하고 연구 조직의 같은 멤버나 연구 동료라는 이유만으로 저자에 포함시키는 예

오서십의 문란

저자의 수가 늘어남에 따라 연구 스타일의 변화에 따른 필연적인 측면이 있기는 하지만 기프트 오서십에서 보는 것과 같은 부적절한 현상이 자주 발생하고 있다.

1. 미국의 대표적인 5개 기초계 의학잡지와 5개 임상계 의학잡지가 저자 수 4명 이상의 논문 200편을 선택해 그 저자들을 상대로 공저자에 대한 공헌도를 앙케이트로 조사한 적이 있다. 이 조사에 따르면 1985년의 국제의학잡지 편집위원회에 의한 오서십의 정의로 볼 때, '공저자 3명 중 1명은 본래 저자에 포함될 수 없다'는 결과가 나왔다(D. W. Shapiro, N. S. Wegner, & M. F. Shapiro, 1994, The contributions of authors to multiauthored biomedical reseach

papers, *JAMA*, 271: 438-442).

2. 영국에서도 종합 의학잡지를 대상으로 같은 조사가 실시되었다. 이 조사에서도 3분의 1은 오서십의 정의에 부합되지 않는 저자였다(N. W, Goodman, 1994, Survey of fulfilment of criteria for authorship in published medical research, *BMJ*, 309: 1482). 조사 대상 수가 적기는 했지만 역시 미국의 조사 결과와 마찬가지로 오서십의 문제점이 노출되었다.

3. 공저 논문의 오서십이 올바르게 운용되고 있는가에 대한 새로운 조사가 미국 방사선의학회의 기관지인 『미국 방사선의학지(*American Journal of Roentgenology AJR*)』를 대상으로 실시되었다(R. M. Slon, 1996, Coauthor's contributions to major papers published in the AJR, *American Journal of Roentgenology*, 167: 571-579).

조사는 1992년과 1993년에 이 잡지에 발표된 연구 논문의 제1저자 275명에게 질문표를 주어 실시했고, 196명으로부터 받은 유효 회답을 분석한 것이었다.

이 조사는 공저자의 공헌도를 질문한 것으로 연구계획, 데이터 수집,

공저자 수와 부적절한 저자의 출현 비율

공저자 수	부적절한 저자를 포함한 논문 비율(%)
2	0
3	9
4	12
5	16
6	16
7~10	30
전체	17

출처: Slone(1996).

데이터 분석, 원고 집필 등 오서십에 필수적인 조건을 어느 정도 충족하고 있는가를 조사했다. 그 결과 본래 저자에 포함되어서는 안 될 '부적절한 저자'는 전체 논문의 17%에 해당되었으며, 저자 수가 늘어날수록 이 부적절한 저자의 출현 비율도 늘어나는 경향을 보였다.

표에서도 알 수 있듯이, 저자가 3명일 때는 9%에 해당되었던 부적절한 저자가 7~10명일 때는 30%까지 늘어나고 있다. 또 제1저자가 재직 신분이 보장된 테뉴어(tenure: 종신 재직권)를 가진 사람과 갖지 않은 사람인 경우에는 부적절한 저자의 출현율이 다른데, 신분이 불안정하고 테뉴어를 갖지 않은 저자의 경우가 부적절한 저자를 포함하는 비율이 높았다. 이 조사에 의하면 적절하지 못한 오서십을 받아들이는 가장 일반적인 이유는 '연구 세계에서의 승진' 때문이었다.

오서십의 새로운 정의

국제의학잡지 편집자위원회는 1985년에 '오서십에 관한 가이드라인'을 발표했다. 이에 따르면 '저자'란 다음의 세 가지 내용을 동시에 충족시키는 사람이어야 한다.

1. 연구에 대한 발상이나 방법론 또는 데이터를 분석·해석한 사람
2. 논문의 집필, 혹은 원고 내용에 중요한 지적 개정을 가한 사람
3. 출판할 원고를 최종적으로 동의한 사람

이 정의에 따르면 단지 원고를 열심히 읽거나 조언한 사람은 결코 저자가 될 수 없다. 또 지원금을 받은 멤버라는 이유도 저자에 해당될 수 없다. 그러나 1985년의 이 정의는 과학계에 널리 보급되어 있지 않

다. 오서십의 조건을 구비하지 못한 저자가 논문의 저자 리스트에 뒤섞여 있는 것이 현실임에도 불구하고 많은 연구자는 국제의학잡지 편집자위원회가 마련한 가이드라인의 존재마저 알지 못하고 있다. 또 많은 연구자는 이 가이드라인을 설명해도 그 정의가 너무 엄격해 현실적이지 못하다고 생각한다. 그러나 한편 대부분의 연구자는 오서십에 늘 문제가 있다고 시인하고 있다. 오서십이 무원칙하게 기프트(gift)되는가 하면 당연히 공저자에 포함되어야 할 사람이 이유 없이 제외된 경우 등을 그 근거로 제시하고 있다.

1996년에 영국의 노팅엄(Nottingham)에서 개최된 종합의학잡지 편집자위원회는 "1985년의 가이드라인은 실질적으로 충분한 기능을 발휘하지 못하고 있으며, 이제 오서십의 개념은 붕괴되고 말았다"고 결론을 내렸다(F. Godlee, 1996, Definition of "authorship" may be changed, *BMJ*, 312: 1501-1502). 그리고 오서십에 대한 새로운 혁신적인 제언으로 이제까지의 '저자(author)' 대신 예컨대 영화 작품의 크레디트처럼 구체적인 역할을 명기한 '공헌자(contributor)'라는 새로운 명칭을 제안하고 토의했다. 이 제안에서의 한 가지 문제점은 '연구 내용의 최종적인 책임을 누가 지느냐가 명확하지 않다'는 점인데, 이에 대해서는 '보증자(guarantor)'를 명시함으로써 책임 소재를 밝히자는 제안이 있었다. 『영국의사회잡지』 편집위원장인 스미스(R. Smith) 박사는 "이제까지의 오서십 가이드라인으로는 현실에 대처할 수 없으므로 이 새로운 가이드라인을 도입해야 한다"고 주장하고 있다(R. Smith, 1997, Authorship: time for a paradigm shift, *BMJ*, 314: 992).

앞으로 과학계에는 오서십에 대한 합의 형성이 엄격하게 요구될 것이다. 그것은 동시에 업적주의 문제나 과학 연구의 공정성을 둘러싼 논의로서 검토되어야 할 것이다.

부정행위와 발표 윤리에 관한 기사 분석

과학 논문은 과학 연구 활동의 최종적인 성과물이라 할 수 있다. 그러한 만큼 발표 윤리(publication ethics)는 과학 윤리 중에서도 가장 큰 관심의 대상이 될 수밖에 없다. 또 의학이나 생물의학 연구를 통한 성과는 사람들의 건강에 커다란 영향을 미치는 것이므로 윤리를 위반한 부정행위는 일반인들에게도 큰 관심의 대상이 된다.

과학 발표 윤리에 저촉되는 문제 사항은 '과학의 부정행위(scientific misconduct)'라는 키워드로 검색할 수 있다. 이 키워드는 미국 국립의학도서관(NLM)이 제작하는 메드라인의 키워드집 MeSH(Medical Subject Headings)에 포함되어 있으며, 이 주제를 검색할 때 매우 유용하다.

여기서는 과학의 부정행위를 논한 기사를 특정하고, 기사 수의 연차적 변화와 게재지의 순위, 주요 저자의 식별 및 부여된 키워드를 통해서 본 특징 등을 분석하기로 한다. 핵심 저널과 핵심 인물을 특징지을 수 있고, 또 이 주제에 접근하는 실마리를 식별할 수 있을 것이다.

2001년 11월 10일에 NLM이 제작하고 있는 데이터베이스 퍼브메드(PubMed)를 이용해 1,455건을 검색해 보았다. 이 1,455건은 '과학의 부정행위'라는 키워드를 주요 내용(major topic)으로 하는 것에 한정되어 있으며, 가볍게 언급만 한 논문은 포함하지 않았다.

우선 문헌 수의 연차 변화를 검토하고 있어서 핵심 저널과 주요 인물을 식별해 보았다. 그럼으로써 이 주제에 관련된 주요 잡지와 중심 집필자를 알 수 있다. 또 1,455건의 문헌에 부여된 MeSH를 중심으로 한 키워드에 대해 출현 수가 많은 순으로 사용 빈도 리스트를 작성했다. 그리고 퍼브메드는 학술 문헌을 중심으로 하는 메드라인에 부가해 신문과 일반 과학지 등도 포함하고 있으므로 좀 더 광범위한 검색이 가능하다.

문헌 수의 연차 변화

문헌 수의 변화를 보면 1984년과 1995년에 절정에 달한 것을 알 수 있다. 1984년의 정점(頂點)은 1983년에 브로드(W. J. Broad)와 웨이드 (N. Wade)의 『배신의 과학자들』이 발간되어 과학의 부정행위가 일반 사람들에게까지 널리 인식되었기 때문인 것으로 짐작된다. 이 내용은

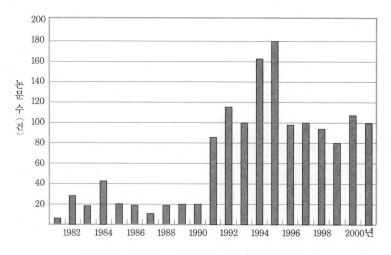

과학의 부정행위에 의한 문헌 수 변화(PubMed)

미국의 연방 의회에서도 다루어져 사회적으로 큰 관심을 불러일으켰다.

과학의 부정행위에 관한 문헌 수의 변화

1995년의 정점은 이 해에 『시카고 트리뷴』의 크루드슨(J. Crewdson) 기자에 의해 스쿠프 기사가 발표되면서 유방암의 대규모 임상시험을 둘러싼 부정행위가 밝혀졌기 때문인 것으로 추측된다. 이 사건은 주임 연구자인 피셔(B. Fisher)의 이름을 따라 '피셔 사건'이라 불리는데 캐나다 몬트리올 소재 성루크병원에서 근무하는 푸아송(R. Poisson) 의사에 의한 증례(症例) 데이터의 날조에서 시작되었다.

1992년에는 연구공정국(Office of Research Integrity: ORI)이 설립되어 과학계를 중심으로 논의가 전개되었다.

게재지의 순위

종합과학잡지인 『사이언스』와 『네이처』는 자타가 공인하는 과학 분야 잡지의 양대 산맥이다. 그런데 이 두 잡지에만 전체 기사의 26%가 수록되어 있다. 상위 10개 잡지가 전체의 52%를 게재하고 있었고, 종합과학잡지, 종합의학잡지를 중심으로 중요 잡지를 식별할 수 있었다. 과학의 부정행위는 일반 사람도 관심을 갖는 주제가 되었으며, 여기에는 『뉴욕타임스』와 『워싱턴포스트』 등의 신문 기사가 큰 역할을 했다.

의학 분야에서는 영국의 『영국의사회잡지(BMJ)』와 『랜싯(Lancet)』 등이 미국의 『미국의사회잡지(JAMA)』나 『뉴잉글랜드의학지(New England Journal of Medicine)』보다 이 주제에 관한 많은 기사를 게재하고 있었다. 또 전문지로는 『과학과 공학 윤리(Science and Engineering Ethics)』와 『연구의 책임성(Accountability Research)』을 들 수 있다. 특히 『과학과 공학 윤리』는 이 분야에서 가장 중요한 전문지이다.

미국 의과대학협회의 기관지인 「아카데믹 메디신(*Academic Medicine*)」도 9위에 들어 있다. 과학의 부정행위는 의학교육에서도 주제로 다루고 있지만 우리나라의 의학교육에서는 전혀 중요하게 다루고 있지 않는 것 같다. 주요 잡지의 리스트를 보면 과학 논문의 발표 윤리와 부정행위에 대해서는 미국과 영국의 종합지를 중심으로 논의가 전개

과학의 부정행위 기사를 많이 다루고 있는 잡지

순위	잡지명	논문 수
1	*Nature*	206
2	*Science*	170
3	*BMJ*	81
4	*New York Times*	73
5	*Lancet*	53
6	*Science Engineering Ethics*	46
7	*New Scientist*	45
8	*JAMA*	42
9	*Academic Medicine*	24
10	*Accountability Research*	19
11	*Washington Post*	18
12	*Lakartidningen*	17
〃	*New England Journal of Medicine*	17
14	*NIH Guide for*	16
15	*Science News*	14
16	*IRB*	13
〃	*Lanced North American Edition*	13
합계		867편

출처: PubMed, 2001년 11월 10일(1455 문헌).

되고 있지만, 많은 전문지가 형성되기까지에는 이르지 못하고 있다.

우리나라의 현실을 생각하면 종합과학지의 부재, 과학 저널리즘의 빈곤, 그리고 과학의 부정행위에 대한 관심의 결여를 지적하지 않을 수 없다.

주요 인물의 순위

주요 인물(person)을 논문 발표에 따라 식별하면 다음 표와 같다.

과학의 부정행위 테마로 하고 있는 저자

순위	저자별	논문 수	발표지 내역(논문수)
1	C. Anderson	32	*Nature*(20), *Science*(12)
2	P. J. Hilts	25	*New York Times*(24)
3	R. Dalton	21	*Nature*(21)
4	D. P. Hamilton	19	*Sience*(18)
5	B. J. Culliton	18	*Nature*(9), *Science*(9)
6	J. Kaiser	16	*Science*(16)
7	P. Riis	12	덴마크지
8	D. Butler	11	*Nature*(11)
9	D. S. Greenberg	11	*Lancet*(10)
10	A. Abbott	10	*Nature*(10)
〃	C. Marwick	10	*JAMA*(10)
12	L. K. Altman	9	*New York Times*(8)
〃	R. Horton	9	*Lancet*(8)
〃	E. Marshall	9	*Science*(9)
15	D. Anderson	8	덴마크지

〃	M. Sun	8	*Science*(8)
17	R. L. Dobson	7	피부과 분야
〃	C. W. Haml	7	피부과 분야
〃	S. Lock	7	다양
〃	R. Smith	7	*BMJ*(6)
합계		256 편	

출처: PubMed 2001년 11월 10일(1455 문헌).

이 표에 소개된 저자들은 그 발표지를 통해서도 짐작할 수 있듯이 주요 종합지의 편집자, 통신원 또는 스태프 라이터들이다. 『랜싯』, 『*BMJ*』의 편집위원장, 『*JAMA*』, 『네이처』, 『사이언스』 등의 편집위원, 그리고 『뉴욕타임스』와 『워싱턴포스트』의 기자 등으로 전문 연구자는 얼마 되지 않는다. 즉, 과학 저널리즘 영역에서 접근하고 있으며, 대학과 같은 학술 분야 저자들에 의한 연구 논문은 많이 발표되고 있지 않다.

2000년 11월에 연구공정국(Office of Research Integrity: ORI) 주최로 워싱턴 교외의 베데스다(Bethesda)에서 과학의 공정성을 논하는 회의가 개최되었다. 이 회의에서는 과학 연구의 공정성을 대상으로 하는 과학적인 조사 연구의 필요성이 강조되고, 문제점이 지적되었으며, 데이터에 바탕을 둔 검토가 이루어지도록 제안되었다. 앞으로 전문지와 전문학회 등이 형성될 것으로 전망된다.

한편, 과학에서의 부정행위는 학문과 학문 사이의 과제이므로 종합지가 다루기에 걸맞은 주제이다. 종합지의 편집위원회가 과학계가 전하는 경고나 계몽을 담아 문제를 제거하는 것도 바람직하다.

우리나라에서는 최근 황우석 교수의 사건을 다룬 모 방송의 사례를 제외하면 오피니언 리더(여론주도층)가 될 만한 편집자가 존재하지 않으며, 데이터와 사례가 불충분한 가운데 과학자에 의한 인상(印象) 비판이 되거나 뉴스 미디어에 의한 스캔들로 존재하는 정도이다.

사용 키워드의 출현 수 순위

아래 표는 20번 이상 출현한 키워드를 출현 수가 많은 순으로 정리

사용 키워드의 출현 수 순위

순위	키워드	문헌 수
1	Scientific Misconduct	1,235
2	United States	652
3	Human	417
4	Research Personne	1405
5	Research	381
6	Fraud	238
7	Human Experimentation	231
〃	Government	231
9	Universities	202
10	National Institutes of Health	182
11	Social Control, Formal	181
〃	United States: Office of Research Integrity	150
13	Social Control, Informal	147
14	History of Medicine, 20th Century	139
15	Public Policy	138
16	Publishing	136
17	Scientific Misconduct: Legislation & Jurisprudence	132
18	Research: Standard	119
19	History	110
20	Great Britain	101
〃	Science	101

한 것이다. 가장 많은 키워드는 Scientific Misconduct(과학의 부정행위)인데, 이하 United States, Human, Research Personnel, Research, Fraud, Human Experimentation, Goverment, Universities, National Institutes of Health 등이다. 이 표는 다루고 있는 사례가 어느 나라의 문제인가를 나타내며, 나라 이름이 키워드가 되고 있다. 표에서도 알 수 있듯이, 미국의 사례가 가장 많다. 그 밖의 나라로는 영국이 20위 (101건), 독일 26(80건), 프랑스 55위(40건), 캐나다 70위(32건)이다. 정부, 대학, 국립보건원(NIH) 등의 키워드는 이들 사례가 연구기관이나 그 관리 조직과 결부되어 있음을 나타내고 있다. 연구공정국의 상부 기관은 공중보건국(Public Health Service)이고, 이들 기관의 상부에는 또 보건복지부(Department of Health and Human Services: DHHS)가 존재하며, 이들 기관명도 키워드로 출현하고 있다.

출판과 관련된 키워드로는 16위 Publishing(출판), 29위 Authorship(오서십), 34위 Peer Review(동료 심사), 46위 Plagiarism(도용), 47위 Publishing: Standard(출판: 표준화), 63위 Periodicals(정기간행물), 74위 Duplicate Publication(중복 출판), 77위 Retraction of Publication(출판의 취소), 82위 Peer Review Research(연구 분야에서의 동료 심사) 등이 출현했다. 이 출판 윤리 영역에서는 오서십에 관한 논의가 많은 것이 주목할 만하다.

질환명으로는 52위 Neoplasms는(종양), 76위 Wound and Injuries(외상), 84위 Acquired Immunodeficiency Syndrome(에이즈) 등이 있다. 유방암과 럼펙트미(lumpectomy: 유방 종양 제거 수술) 등의 키워드도 10건 정도 존재하며, 피셔(B. Fisher) 사건으로 대표되는 유방암 치료의 대규모 임상시험에서 야기된 데이터 날조 사건으로 많은 기사가 발표된 듯하다.

부정행위와 발표 윤리

과학자의 부정행위와 발표, 윤리, 연구의 공정성 등의 테마를 대상으로 이와 관련된 자료를 탐구하기 위한 기본 도서와 참고 문헌을 추려 보았다. 이어서 인터넷의 정보 자원도 정리했다.

기본 도서와 참고 문헌

Altman, E. & Hernon, P. (1997). *Research Misconduct*. Greenwich: Ablex Publishing.

Braxton, J. M.(1999). *Perspectives on Scholarly Misconduct in the Sciences*. Columbus: Ohio State University Press.

Broad, W. & Wade, N.(1982). *Betrayers of the Truth*. New York: Simon and Schuster(백익수 옮김, 『배신의 과학자들』, 겸지사, 1996).

Committee on Science, Engineering, and Public Policy of the National Academy of Sciences of the United States(1995). *On Being Scientist: Responsible Conduct in Research*. Washington DC: NAS.

Godlee, F. & Jeferson, T. (1999). *Peer Review in Health Sciences*. London: BMJ Books.

Grayson, L.(1995). *Scientific Deception*. London: British Library.

Grayson, L.(1997). *Scientific Deception: An Update*. London, British Library.

Hudson, J. A. & McLellan, F.(2000). *Ethical Issues in Biomedical Publication*, Baltimore: Johns Hopkins University Press.

Kohn, A.(1986). *False Prophets: Fraud and Error in Science and Medicine*. New York, Blackwell.

LaFollotte, M. C.(1992). *Stealing into Print: Fraud, Plagiarism, and Misconduct in Scientific* Publishing. Berkeley: University of California Press.

Lock, S. & Wells, F.(1996). *Fraud and Misconduct in Medical Research.* 2nd ed. London BMJ Publishing Group.

Lock, S., Wells, F., & Farthing, M.(2001). *Fraud and Misconduct in Biomedical Research.* 3rd ed. London: BMJ Books.

Resnik, D. B.(1998). *The Ethics of Science: An Introduction.* London: Routledge.

인터넷 자원

가. 도서관

Kennedy Institute of Ethics Library (National Reference Center for Bioethics Literature)   http://www.georgetown.edu/research/nrcbl/

National Library of Medicine   http://www.nlm.nih.gov/

Wellcome Institute Library   http://www.wellcome.ac.kr/en/1/misinf.-html

나. 전문기관

Danish Committee on Scientific Dishonesty(DCSD)   http://www.forsk.-dlk/eng/uvvu/index.htm

Medical Research Council   http://www.mrc.ac.uk/Office of Inspector General(OIG), National Science Foundation(NSF) http://www.oig.nsf.gov/

Office of Research Intergrity(ORI)   http://www.ori.dhhs.goc/

다. 데이터베이스

PubMed   http://pubmed.gov/

SPIN(Science Policy Information News)   http://wisdom, wellcome.ac.uk/-
wisdom/spinhome.html

라. 편집자 단체

Committee of Publication Ethics(COPE) http://www.publicatione-
thics.org.uk

Council of Science Editors(CSE) http://www.councilscienceeditors.org

European Association for Science Editors(EASE) http://www.ease.org.uk

International Committee of Medical Journal Editors(ICMJE) http://www.-
icmje.org

World Association of Medical Editors(WAME) http://www.wane.org

마. 대학·연구기관 가이드라인

Danish Committee on Scientific Dishonesty Guidelines for Good
Scientific Practice. Danish Research Council. http://www.forsk.dk/-
eng/uvvu/publ/guidelines98/index.htm

Ethical Gudelines. American Chemical Society(ACS), Publications
Division. http://pubs.acs.org/instruct/ethic.tml

Faculty Policies on Integrity in Science. Harvard Medical School.
http://www.hms.harvard.edu/integrity/Good Research Practice. Medical
Research Council. http://www.mrc.ac.uk/pdf-good__research__pra-
ctice.pdf

Guidelines for Dealing with Faculty Conflicts of Commitment and
Conflicts of In tetest in Research, Association of American Medical
Colleges(AAMC) http://www.aanc.org/research/dbr/coi.htm

Guidelines for Investigators in Scientifc Research. Harvard Medical
School. http://www.hms.harvard.edu/integity/scientif.html

Guidelines for the Conduct of Research in the Intramural Research Programs at NIH. National Institutes of Health. http://www.nih.-gov/news/irnews/guidelines.htm

Policy on Conflicts of Interest and Commitment. Harvard Medical School. http://www.hms.harvard.edu/integrity/conf.html

Principles and Procedures for Dealing with Allegations of Faculty Misconduct. Harvard Medical School. http://www.hms.harvard.-edu/integrity/miscond.html

Recommendations of the Commission on Professional Self Regulation in Science Deutsche Forschungsgemeinschaft(DFG) http://www.-dfg.de/aktuell/download/self/regulation/htm

Research Policy Handbook. Stanford University. http://www.stan-ford. edu/dept/dor/rph/index.html

바. 기타

Errata, Retraction, Duplicate Publication, and Comment Policy. National Library of Medicine(NLM). http://www.nlm.nih.gov/pubs/-factsheets/errata.html

Helsinki Declaration. http://www.wma.net/e/policy/17-c__e.html

Uniform Requirements for Manuscripts Submitted to Biomedical Journals(ICMJE). http://www.icmje.org/

과학자의 두 얼굴

2015년 6월 25일 인쇄
2015년 6월 30일 발행

저자 : 과학나눔연구회
펴낸이 : 이정일

펴낸곳 : 도서출판 **일진사**
www.iljinsa.com
140-896 서울시 용산구 효창원로 64길 6
대표전화 : 704-1616, 팩스 : 715-3536
등록번호 : 제1979-000009호(1979.4.2)

값 12,000원

ISBN : 978-89-429-1457-9